建筑设计入门 123 之 2

设计工作模型

贾 东 著

中国建筑工业出版社

图书在版编目（CIP）数据

设计工作模型／贾东著．—北京：中国建筑工业出版社，2013.7
（建筑设计入门123之2）
ISBN 978-7-112-15544-6

Ⅰ．①设…　Ⅱ．①贾…　Ⅲ．①模型（建筑）–设计　Ⅳ．① TU205

中国版本图书馆CIP数据核字（2013）第136795号

责任编辑：唐　旭　吴　绫
责任校对：党　蕾　刘　钰

建筑设计入门123之2
设计工作模型
贾　东　著
*
中国建筑工业出版社出版、发行（北京西郊百万庄）
各地新华书店、建筑书店经销
北京嘉泰利德公司制版
北京云浩印刷有限责任公司印刷
*
开本：787×1092毫米　1/20　印张：10　字数：193千字
2013年7月第一版　　2013年7月第一次印刷
定价：**35.00元**
ISBN 978-7-112-15544-6
　　　　　（24130）

前言　做模型就是做设计

手工与思维的对象是什么，是实际的物质物体。

建筑世界实际上是个物质的世界，无论是技术的还是艺术的，首先它是一个物质世界。这个物质世界给我们带来了舒适安全，但是它也耗费了我们大量的物质资源。建筑这个物质的世界，往往以具体的物体的形态所存在，而城市与风景，也是不同功能、不同形态的复杂组合体。

建筑设计首先是设计物质的世界，其精神层面的设计，也依赖于此。

设计物质的世界，需要有效、有力有度的途径，有徒手线条，有电脑绘制，更有物质的、直接的设计工作模型。事实上，设计工作模型是一种亘古自有的设计方式，而在今天的建筑设计学习中，其意义正在被越来越重新认识。

设计工作模型不是还原物质世界、空间形体等比例变化，进行设计形体逻辑组织，进行"建筑的"受力和空间关系的综合思考，而自然引出"材料指代"的命题。

材料指代，内容很丰富，用纸板来指代混凝土，用木签来指代柱子，用石膏来指代混凝土。

材料指代，是模型材料的"指代"运用，也是模型材料的归纳运用，还有对于设计的实际材料的运用思考。

本书所指的设计工作模型有三个方面的含义。

其一，设计工作模型不以最终成果的展示为目的。设计工作模型是设计手段和设计过程，设计工作模型过程伴随着思维过程，从开始很粗糙的，到有节点的，其成果也可以是相对精致的，也可以用于设计的展示，但不是为了单纯的展出。

其二，设计工作模型的准确性不是做工的精致，而是指以下两点：空间大小比例相互关系的严谨性，这是空间指代的依据；第二，构件的基本形状和数量，这也是不同于展示模型的非常重要的一点。基本构件的逻辑关系应该是与实际设计一致的，要清晰地表达"建筑的"结构。

其三，材料的运用方面，有更多具有设计内涵的材料的指代性。材料的指代性，除了表达多种材料的差异，与实体墙的差异以外，更要有设计的审美，包含底和图的关系等诸多内容。比如，用灰色的纸片指代绿色的草坪，或用全白色材料表达多种形体的相互关系。

对于设计工作模型，本书从三个方面进行了阐述。

其一，最基本的、最简易的模型是怎样一步一步做出来的，从材料到工具，到制作的过程。让学生通过学习和实践，能够达到一个最基本的手工操作水平。

其二，设计工作模型主要做哪些东西，要表达哪些东西。

其三，设计工作模型的制作与思维，就是设计过程。

归纳这三个方面，再回头看第一本书——《徒手线条表达》，可以看出由平面到三维的一个演变过程，这就是"建筑设计入门123"三本书比较清晰的一条逻辑主线。

设计工作模型是设计过程本身，这个过程可以修改；设计工作模型有形体、数量的等比例真实，特别是逻辑关系的准确；设计工作模型有材料的逻辑指代与审美指代。

这样去理解设计工作模型，就理解了做模型就是做设计。

因为两方面的互相限制，教学思想体系的问题，物质基础与资金投入，对于设计工作模型，以往很长阶段的建筑学教学是有欠缺的。

设计工作模型应该大大加强，这既是一种开始的行为也是一种持续的过程，而且这个过程应该是一直开放的，通过真实的物体推敲提高对空间的把握和运用，乃至通过实物模型探索对于新技术的应用，以避免大量物质资源不恰当的使用和浪费。

简言之，如同徒手线条表达，设计工作模型是一种重要的设计学习方式和设计实践过程。

贾　东

2010年（农历庚寅虎年）正月初四于山东

目　录

第一部分　物体与材料的意义

第二部分　设计从模型开始

第三部分 过程中的模型

第一部分 物体与材料的意义

1　材料与工具

建筑是一个物质的世界，确切说，首先是一个物质的世界。

1.1　物体的意义

物体的意义，有两重，物质的意义和形体的意义。

建筑，从某种意义上讲，是诸多物质由某一种存在的形态转化组合为另一种存在的形态。其存在，有木材、砖石、玻璃、钢铁、薄膜等多种形态。其转化，有切削、凝结、煅烧、提取、合成等多种方式。

建筑材料转化为新的形态的目的，是造就新的形体，是造就人需要的空间。没有新的形体的出现，建筑的意义就无法实现，物质的意义也就无法体现为建筑的意义。

物体的意义，对于建筑模型而言，以实物的方式，组织为特定的形体，来表达对建筑的理解，这就是建筑模型。当这种对建筑的理解，侧重于建筑设计，尤其是以实物形体的方式学习、研究、分析、推导建筑的空间形成时，其过程中所做的建筑模型，就是设计工作模型。

图 01-01　北方工业大学图书馆模型（右图）

该模型是教师指导学生制作的木材料模型，其主要目的在于让学生以实物方式学习两方面的知识，是设计工作模型的典型方式之一，是物体的意义的典型诠释。其过程是一个团队艰苦营造的过程，也是少有的机会，是不容易实现的。

而对于设计工作模型的初步学习者而言，理解物体的意义很容易，可以从最基本的材料开始。

一句话，物体的意义是深刻的，又是易于理解的。

图 01-01

图 01-02

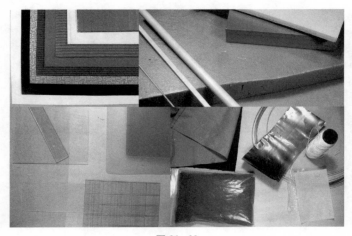

图 01-03

1.2　基本的材料

设计工作模型需要的材料类型并不复杂。

图 01-02～图 01-07，指导教师：贾东　学生：建学 06-2 班言语家、贾向东

图 01-02　基本的材料（左上图）基本的材料很简单，从厚一点的纸张到薄一点的板材。

图 01-03　其他材料（左下图）多种纹理的纸类材料、PVC 类材料、彩色塑料片与有机玻璃（可用马克笔涂颜色）、多种辅助材料。

材料的透明度、反光度、金属感等，要谨慎使用。

一句话，初学者选择材料可以以好操作、色彩浅、无反光三点为依据。

1.3 板材和木质类材料

图 01-04 木质类材料

在各种基本材料中，木质类材料具有颜色浅易于体现空间、有纹理易于体现质感、无反光易于长时间观察调整等优点。尤其木质板材易于操作，可以作为常用材料。

图 01-04

图 01-05A

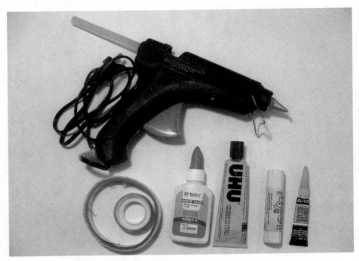

图 01-05B

1.4　基本的工具

　　图 01-05A　裁剪类

（左上图）剪刀、裁圆刀、45°刀、勾刀、美工刀等。

　　图 01-05B　粘剂类

（左下图）胶枪、胶带、乳胶、U 胶、固体胶、502 胶等。

　　图 01-05C　五金类

（右上图）锤子（软锤、铁锤）、凿子、螺丝刀、钳子、钢锯、砂纸、电钻等。

　　图 01-05D　尺规类

（右中图）直尺、角尺、曲线板、曲尺、圆模板、三角板等。

　　图 01-05E　辅助类

（右下图）夹子、图钉等。

　　其他辅助工具：

　　镜子、灯具等。

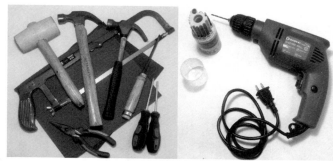

图 01-05C

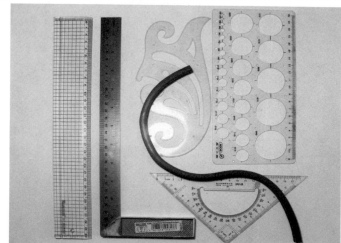

图 01-05D

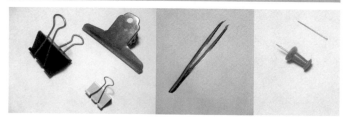

图 01-05E

1.5　基本的刀具使用

　　美工刀是最常用的刀具，市面上美工刀种类很多，且刀片可更换，可根据需要准备一把常用的美工刀。

图 01-06A　美工刀种类

　　本图为各种类型的美工刀及刀片，从左至右由小渐大，也稍"专业"，都要安全使用。

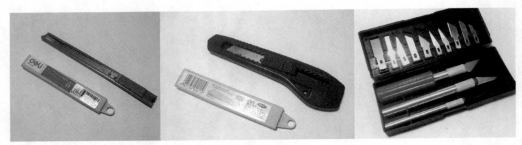

图 01-06A

图 01-06B　美工刀使用（右图）

　　准备适合材料厚度的美工刀，使用尺子没有刻度的一侧与所画的线对齐，注意左手的位置既要压实尺子，又要避免刀划到手。刀刃垂直材料且紧靠尺子边缘，保证所裁截面的平整。力度均匀地移动美工刀，始终保持刀刃垂直材料且紧靠尺子，材料较厚时可多次刻划，直至材料被裁透。

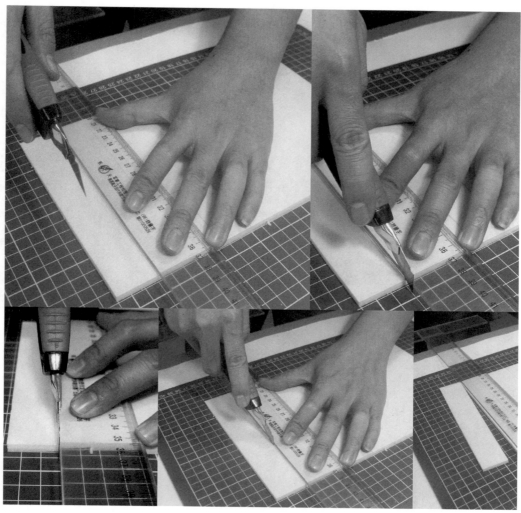

图 01-06B

图 01-06C　45°刀

　　45°刀可将材料的剪裁面裁成45°，做板材垂直连接时经常用到。刀身一侧有宽度为 d 的45°支架，使用时移动尺子，调整要剪裁的部位与尺子间的距离为 d，刀刃凸出尺寸应超过材料厚度。从材料的侧面开始裁，力度均匀地移动刀，始终保持刀的45°支架紧靠尺子。

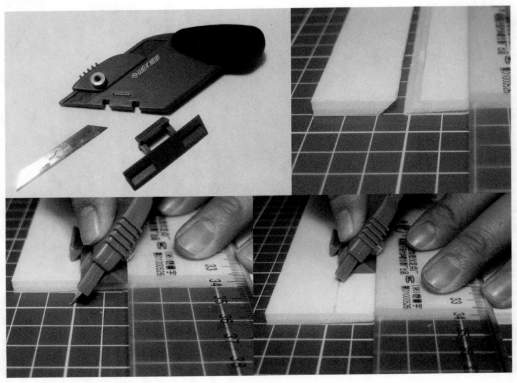

图 01-06C

图 01-06D 勾刀

勾刀是裁有机玻璃的必备工具，同时它也能够裁密度板之类的密实材料。使用时，可在保护纸上画线，待材料裁好后再揭去保护纸。用勾刀刀刃裁开有机玻璃的保护纸，用勾刀反复勾划有机玻璃，直至一定的深度；沿缝将有机玻璃掰断，可用砂纸将截面打磨平整。

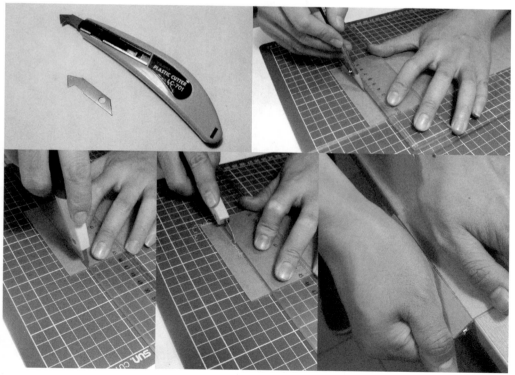

图 01-06D

图 01-06E 裁圆刀

裁圆刀能裁一定半径的圆，多次调整半径的话可以裁出弧线。使用时，调整到所需的半径，固定刻度。将一端扎透材料至下部地板，固定后顺着刀刃刻划。朝刀刃方向，反复匀速旋转刻划，直至将材料裁下来。

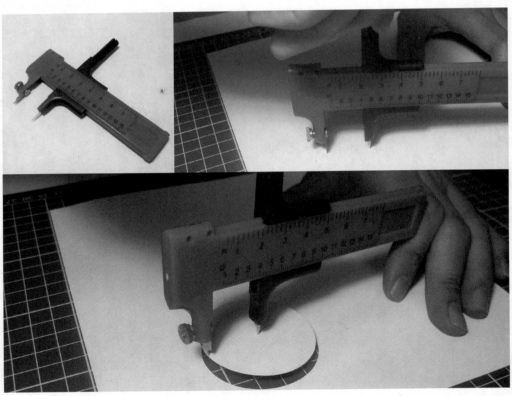

图 01-06E

1.6 一个自己的小平台

无论有没有大型设备和大空间，都要有自己的一套小的工具、一个常备工作平台。

图 01-07 一个小平台

这个小平台其实可以就是一块垫板、一把尺子、一个三角板、一管U胶、一把刀、一把铅笔、几张纸。小镜子在粘接等加工过程中，起到辅助视线的作用，对于定位操作，具有不可替代的作用。大型复杂制作可用公用的模型室。

一句话，拥有一个属于自己的简单高效的小平台至关重要。

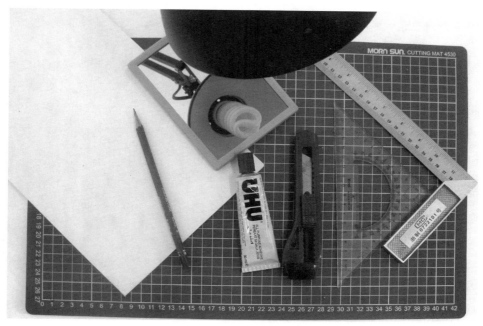

图 01-07

1.7 模型空间和防护

　　做模型有时需要大型设备和大的工作空间，另外有条件的时候，可以以班级、年级或是以更大的范围来设置一个大的模型工作空间。无论以哪种方式做模型，防护是第一重要的，特别是做大型模型的时候。习惯性的防护重点在手上，其实对眼睛的防护更为重要。在做模型的时候，有一副比较大的防护镜是非常必要的。

　　一句话，任何操作，安全第一，保护自己。

1.8 要认识到模型所不及

　　如同徒手线条表达，设计工作模型有很多用处，是设计手段，也是设计本身。

　　同时，也要客观地看到设计工作模型所不及。

　　其一，尺寸所限，模型一般都是缩小比例的，它在真实的空间感受上会有真实的三维效果，但这个三维效果的尺度是无法和真实的建筑比拟的，这就是我们不可能完全重复一个设计的道理。其二，质感问题，设计工作模型的材料首先是形态指代，继而是材料归纳，而质感指代很难在制作中做到位。其三，光与气氛，设计工作模型的时空感觉，特别在特定气氛渲染方面是逊于渲染图的。

　　一句话，设计工作模型之局限性，也是其不可替代的专业性。

1.9 用实物去做空间及形态

　　设计工作模型是用实际的物质、实际的物体、三维的构件去做设计，而不是用二维的平面去表达效果。直接运用三维设计工作模型进行设计、阐述设计，不仅可提高实际动手能力，更是提高对实物空间的把握能力和设计空间的阐述能力的有效途径。

图 01-08　建学 06-2 班别墅设计—草构思

时间：2008 年春　指导教师：贾东、王又佳

上左，九个体块组合扭动，抽取了中间体块，边角的体块发生了错动。上中，三个体块错位，其中有一个体块在形体组合上发生了变化。上右，简洁的形体组合，而每一个形体都有虚实切割。下左，两个体块组合方式不同，下右，虚实对比强烈，有对应。

图 01-08

2 做一个房子

在了解了材料和工具之后，动手做一个房子是学习设计工作模型的非常必要的一步。

我们选择了一个有烟囱的小房子，内容有从画到面、从面到体的过程，有细部的交叉如何处理，有一些技巧和方法，"烟囱"的意义就在此。

图 02-01 一个有烟囱的小房子

图 02-01 ～图 02-14，指导教师：贾东 学生：建学 06-2 班言语家、贾向东

一句话，以设计工作模型进行设计，首先要学习一些基本操作。

图 02-01

2.1 面化

面化，即把三维立体的形体组合拆解为若干二维平面形体，是板式模型制作的第一步，

图 02-02 小房子面化

小房子由若干的面组成大体块，采用基本的方式粘接。大体块的山墙面是不完整的，烟囱作为完整的小体块，采用切 45° 的方式粘接，然后与大体块组合。

将以上思考勾画，并落实在纸上，画出单个面，每一个面逐一描绘。

一句话，拆解形体为若干平面构件，逐一准确描绘出其边界。

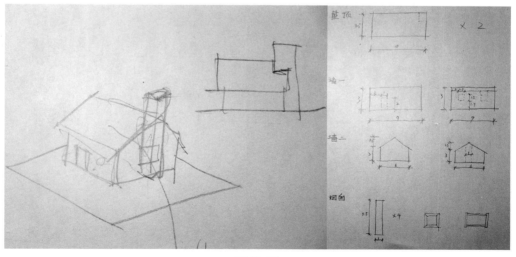

图 02-02

2.2 放样

放样，即把拆解好的若干二维平面形体，落实到模型材料上，以便裁剪。

图 02-03 放样

把构成模型的面的边界画或划在材料上。画是指用铅笔等深色笔画；划是用图钉、扎针等在板材上划出可见而无色的控制线。画或划时，交叉点可以有意有一点出头。

一句话，放样明确交叉点，这一点与徒手线条表达相似。

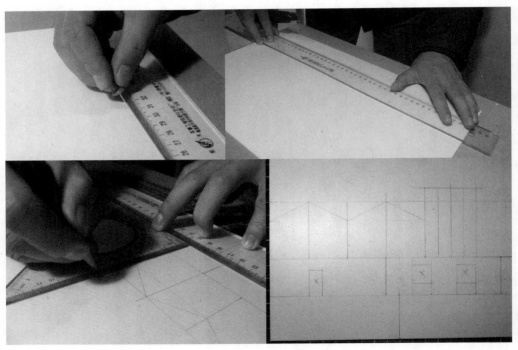

图 02-03

2.3　裁剪

图 02-04　裁剪大面

先裁长边，再裁短边，可适当节省工作量。多数丁字尺、一字尺、三角板都有一个坡度边，上边标有刻度；另一个边是一个直角边，上边没有刻度。在使用的时候，要用直角边。

一句话，安全第一，从始至终。

图 02-04

图 02-05　裁剪细部

烟囱的引入，带来一系列有趣的细部裁剪与粘接。烟囱是由四个小构件组成的，要将每一个小构件两侧裁剪出 45° 的角，道具的运行要稳定匀速。

右下角两个小的立起来的形体将成为组成烟囱的构件。

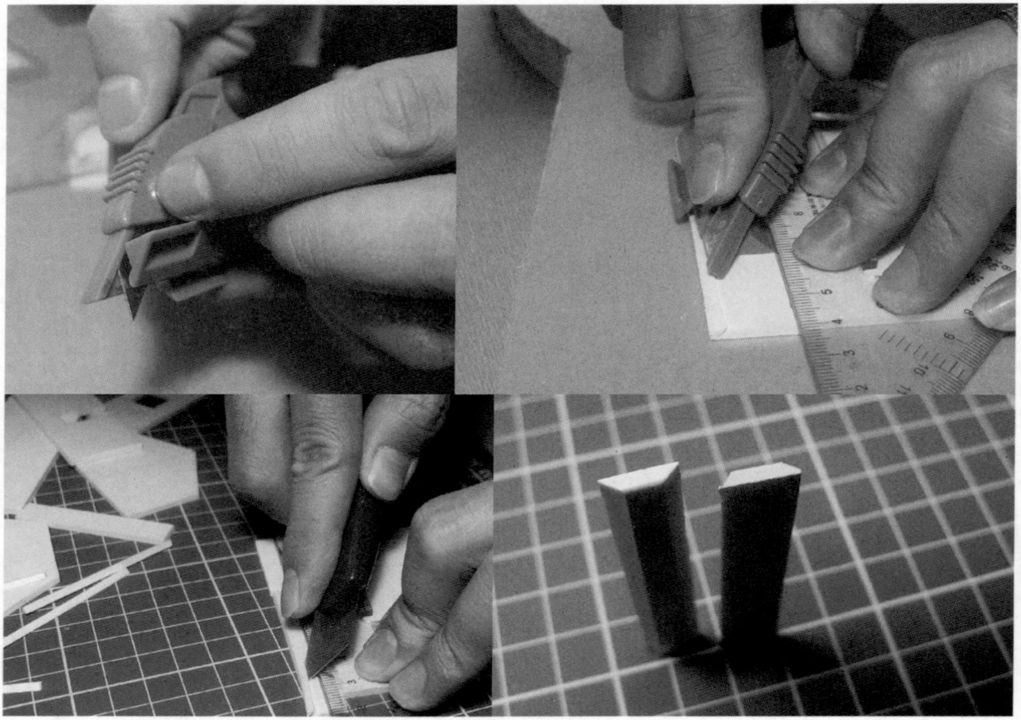

图 02-05

2.4 基本的粘接

图 02-06 T形粘接

（右上图）

T形粘接相对比较简单而且可靠，这个过程实际上是两个面的对接，是一个窄长的面粘在一个平面上。在操作过程中，长边、平面都要保证平整。要做到平稳、严丝合缝。

图 02-07 L形粘接

（右下图）

L形粘接相对稍难一些，实际上是两个窄长的面的粘接。因为窄长的小面都位于构件边缘部分，所以操作起来要比T形粘接更加用心一些。

图 02-06

图 02-07

图 02-08

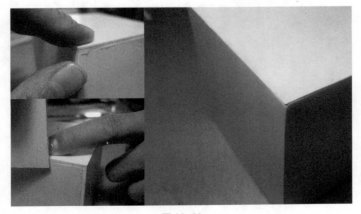

图 02-09

图 02-08　盒形粘接

（左上图）

盒形粘接可以理解为是多个 L 形粘接，包括一个面跟两个面同时进行粘接。在粘接的时候既要控制粘接均匀平整，还要把已经接好的两个面的角度控制好。

图 02-09　粘接调整

（左下图）

在各类粘接基本到位以后，要根据设计进行微调。重点是粘接定位、角度与平整。可以进行一些谨慎的调整，保证尺寸的准确。

另外，在保证粘接角度与平整的同时，可以适当挤压，然后把挤出来的胶粘剂刮干净。

2.5 房子的粘接

图02-10 独立构件

（右上图）

烟囱可以作为独立的构件，首先粘接起来。烟囱不需要和其他墙体在第一次粘接的时候就粘接起来，而是可以在其他墙体粘接时，起到一个定位限制作用。

图02-11 墙体组合

（右下图）

在粘贴墙体组合的时候要考虑到烟囱的体量，所以在这组墙体调整的时候要把烟囱放上去，起定位限制作用。但是，这时候不要进行烟囱与其他实体的粘接。

图02-10

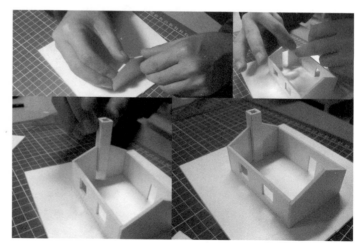

图02-11

图 02-12

图 02-13

图 02-12　调整屋顶

（左上图）

已经在大面切割当中切割出屋顶，这时候要根据烟囱和墙体相互的定位，再进行进一步的裁剪修改。

然后，以屋顶为重点，屋顶和墙体的交接、屋顶和烟囱的交接，都要作适当的调整。

图 02-13　组合屋顶

（左下图）

组合屋顶是非常关键的一部分，既要跟下边的墙体粘接，又要跟烟囱粘接。

2.6　小房子　小成果

经过一番努力和辛苦，一个带烟囱的小房子出现了。

图02-14　小小成果

这个小小成果的形成过程，有以下意义：

其一，通过真实材料的手工操作，切实体会建筑的营造是一组真实材料组织的组合，进而逐渐学习建筑设计是真实材料的有序组织。

其二，轻质板材是便捷的材料，KT板的厚度基本在几个毫米范围内，容易切割，而厚度也比较明显。以面成体的过程，是空间塑造的有效途径之一。

其三，真实的材料都有材料的厚度。屋顶与烟囱的粘接、45°刀的使用使我们对材料的厚度有进一步体会。界面不是一条线，而是一组形体组合。

图02-14

2.7　面不只是平面

板材也可以有一定延展和弯曲，这给设计工作模型的造型提供了更多的可能。

图 02-15　建学 08-3 班常云峰别墅设计

时间：2009 年秋　指导教师：贾东、宋效巍

为了实现曲面的造型，可以将板材刻划出若干平行的浅痕，便于弯折。

图 02-15

图 02-16　建学 06-2 班赵辰楠幼儿园设计（右图）

时间：2008 年春　指导教师：贾东、王又佳

曲面单元屋顶，形成三组幼儿单元，材料选择得当。几株小树点缀，活跃了气氛。

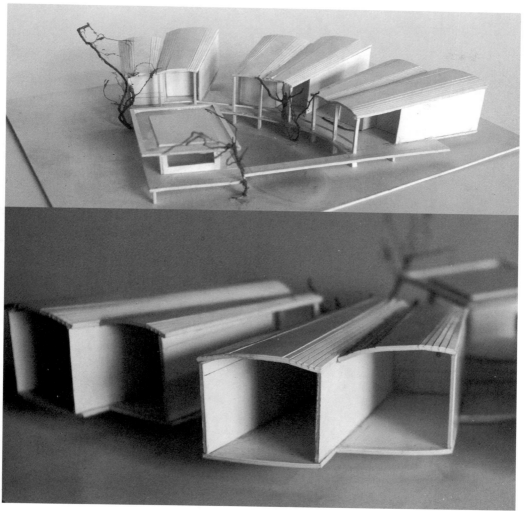

图 02-16

2.8　边设计边做

前述做一个小房子，是设计在先，用以说明板材模型的制作和设计工作模型材料选用的原则。而设计工作模型的意义，在于其既是设计手段，也是设计本身。

图 02-17　建学 06-2 班张雪兆别墅设计

图 02-17

时间：2008 年春　指导教师：贾东、王又佳

该地块位于某山脚下，场地内北高南低，有将近 4 米的高差。设计工作模型有两个特点：

其一，黑色卡纸制作场地，白色卡板制作建筑，使场地与建筑两者形成比较明显的对比，突出了建筑嵌入山体的思路。其二，建筑造型依据地势，形成退台关系，两地简单的方形体块错动连接，形成虚实空间的对比。

将空间组织与形体塑造综合推进，这就是设计工作模型的效率所在。

图 02-18　建学 06-2 班言语家博物馆设计（右图）

有任务书，有徒手线条草图，摆在桌面上占主要空间的模型，这些都是互动的。

这就是设计的过程。

一句话，以设计工作模型推进设计，随时把设计的思维通过实体的方式表达出来。

图 02-18

2.9 做出来的房子

熟悉基本操作后，可以思维与动手并行，直接以工作模型进行设计。

图 02-19 建学 06-2 班贾向东同学的几个设计意向

左上，两个纸片互动成一个空间。右上，把两张纸进行折皱处理，一边摆弄，一边观察其组合变化，思考不同的空间与造型的可行性。还有，曲面的"墙"，下沉的空间。

一句话，许多时候，设计是通过手工做出来的。

图 02-19

图 02-20 建学 06-2 班建筑馆设计结构骨架模型和楼层模型

时间：2008 年秋 指导老师：新井清一、林文洁

左，设计思路来自图 02-19 右上角两张折叠的白纸，逐步发展出一个结构骨架。以木条粘接出建筑的"结构框架"；不拘泥于每层的层面连接，而是关注骨架的稳定性与相互之间可行性的连接，是一种有一定结构意义，但以建筑空间结构为主的方法。

右，对楼层和表皮进行设计，与电脑建模一同协作，用电脑计算出每个位置不同的角度及长度，在纸板上切出相应的形状，进而组合。

一句话，结构骨架，并非结构专业中的梁与柱，而是推敲建筑空间的一种设计工作模型。

图 02-20

图 02-21 建学 06-2 班贾向东建筑馆设计夜景

　　建立准确的电脑模型，将所需拼接的面逐一分解并编辑，用激光模型机切出模型的各个构件，然后粘接组装。卡板做楼板与实墙，有机玻璃做玻璃幕墙，加以立面划分。

　　在模型后面放一盏小灯，把光从下到上逐步逐层开启，呈现出一种很美妙的夜景效果，获得直观和独特的效果。

　　一句话，设计工作模型做到一定程度，开始呈现出巨大的乐趣。

图 02-21

图 02-22 建学 06-2 班贾向东——建筑馆设计成果（右图）

图 02-22

3 材料的指代

材料的指代，是模型制作的一个重要内容。严格地说，对于任何非同一尺寸、非同一场地的模仿制作，都是转化和借代，使用材料都有一定明确的对应关系，这就是材料指代的必然。

一句话，材料指代，是设计工作模型的重要内容，有归纳、比例、质感诸多方面。

3.1 把一类材质用同一材料指代

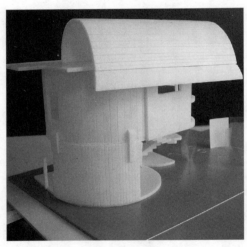

图 03-01

将一类的材质用同一种材料指代，是材料指代最基本的方式，可以有效推进建筑空间形体组合。

图 03-01　建学 06-2 班贾向东——我的空间

时间：2007 年春　指导老师：崔轶

整体设计由圆形出发，形式丰富，而使用材料单一。不同的手法灵活应用，白色的轻质板材围合出精致变化、上下连通的"我的空间"。

一句话，单一的材料，不同的手法，围绕空间与界面，进行设计。

图 03-02　建学 06-2 班言语家——幼儿园设计材料（右图）

复杂的形体组合，重点使用了纸板与透明塑料两种材料，分别对应"实"与"透"。

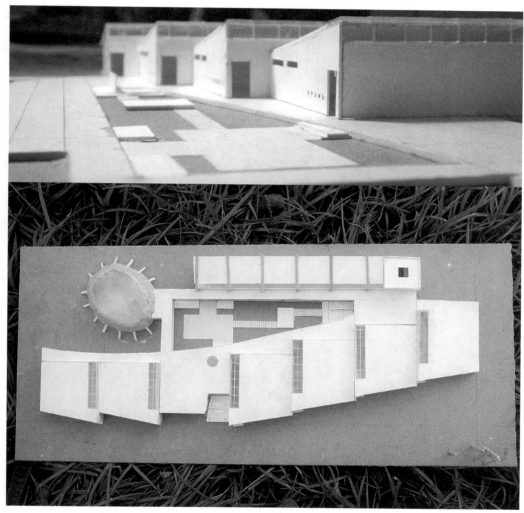

图 03-02

3.2 形体与尺寸

选用哪一种材料指代一类材料，与模型的形状尺寸关系很大。一般而言，普通纸板或薄木板在大约 1 ：30~1 ：300 这样一个很大的范围内有很大的通用性。

以模型进行设计，不要一开始做得比例太大或太小，以免徒增制作难度或过分概括，这些都会失去设计的意义。可以根据两点来确定这个比例：其一，是否比较方便地掏出门窗各种洞口；其二，采用材料的厚度与实际设计的构件厚度的对应关系是否合理。

图 03-03　建学 07-2 班李剑—别墅设计 01

时间：2009 年春　指导教师：贾东、宋效巍

设计工作模型着眼于建筑外部体块之间组合穿插的关系、建筑内外的过渡及通透感、建筑内部空间的变化及共享性。采用了纸板和有机玻璃板两种对比强烈的模型材料，形体比例适宜，既方便切割加工，又厚度合理，建筑实体墙体与透明玻璃之间的虚实关系清晰。

图 03-03

图 03-04　建学 07-2 班李剑—别墅设计 02（右图）

对于别墅设计这一类体形较为简单的设计工作模型，采用 1 ：50~1 ：100 进行整体设计是适宜的。细部设计工作模型应加大比例，有环境的总体设计可缩小比例。

图 03-04

3.3 基本界面与细部的雏形

适宜的材料指代，有利于基本空间界面形态的确定，并可以引发一些细部的思考。

图 03-05 建学 06-2 班别墅设计界面雏形 01

时间：2008 年秋 指导教师：贾东、王又佳

用厚薄适宜的白色卡纸，做出若干小房子的群体组合，还有其坡屋顶的相互关系。

一句话，一张厚薄适宜的白色卡纸的表现力是很大的，这就是材料指代的典型之一。

图 03-05

图 03-06 建学 06-2 班别墅设计界面雏形 02（右图）

有竖向纹理的色纸，围合成圆形墙体；纸板与薄有机玻璃的组合，指代混凝土与玻璃的"实"与"透"对比；透明塑料水瓶局部，是屋顶采光方式的创新，等等。

图 03-06

图 03-07　建学 06-2 班别墅设计细部雏形 01

从屋顶俯瞰下去，整体设计的材料雏形已经开始呈现出来，混凝土白色涂料，无色白玻璃，还有庭院的巨石。一组纯净而有对比的形体组合呈现出来，模型主体材料是普通的白色纸板，而庭院的巨石是由轻质聚苯板修剪而成，因为修剪角度有力，产生了巨石的沉重感。

图 03-07

图 03-08　建学 06-2 班别墅设计细部雏形 02（右图）

通过粗糙纸板的组合，将各种质感呈现出来，各种异形的变化组合具备雏形。

对空间形态的认识与畅想，乃至突发异想，其实并非空穴来风，而是有一个积累过程，是站在已有思维的平台上发展。而这些思维的平台需要实体的呈现，即必须有物化的阶段积累，只有这样，思维的平台才坚实。这种建筑实践方式在发展，也有较多欠缺，也是在建筑学教学当中需要增加的主要内容。

一句话，畅想需要积累，思维的平台，需要一步一步实体的物化。

图 03-08

3.4 墙不是一条线

墙不是一条线，换言之，任何空间界面实际上都是各种实物形态的组合。这一点，在设计工作模型中，更有体现。

图 03-09 建学 08-3 班吴宇晨别墅设计

时间：2009 年秋 指导教师：贾东、宋效巍

本模型对建筑若干界面进行了细致的设计：均匀镂空的室内栏杆；在室内与室外，对玻璃门窗及隔断立面进行了准确划分，等等。同一种指代材料做出了不同细部。

图 03-09

图 03-10　建学 07-2 班邓陈薇别墅设计

时间：2008 年秋　指导教师：贾东、宋效巍

　　设计主体为一个倾斜的长方形体，在两个端面设置大玻璃窗，而在长方向则只有几条窄长的带形窗，通长而切开了倾斜的实墙，进一步衬托出墙的厚实。用薄木板指代倾斜而厚实的原木实墙，用木条指代内部构架，用白色纸板裁条指代穿过长方形体的梯形白色钢构，而两个端面的玻璃窗凸显其"透"。

　　一句话，墙不是一条线，或许有时还是一组倾斜的面和体，甚至是一组曲面和体。

图 03-10

3.5 实体的意境

真实的物体组合，如运用得当，也可以创造出一种意境，这种意境以实物为基础，又引发场景联想。这种意境的创造，也依靠恰当的材料指代，这种指代，既需要对应要表达的实物，又需要所选材料有质地、光泽、肌理等几个方面的独特性，而不是逼真性。

图 03-11　建学 06-1 班别墅设计环境底盘模型

这一个地段位于北京老城区，选用本色卡片纸制作了建筑房子，屋顶统一采用了白色的瓦楞纸。白色的瓦楞纸质地柔软，好像在下雪的时候屋顶上落满了白雪。又放了几束小花，特别是当两根"电线杆子"加上以后，一个生趣盎然的"老胡同"环境就出现了。

图 03-11

图 03-12　建学 06-2 班吕铁童博物馆构思

设计采取了几个体块的组合，在实际操作中，先做有机玻璃盒子，再粘纸板，白色纸板制作的体块相互之间有"切割"关系，而每个体块又采取了斜角切割的方式，这种切割的方式肯定是受某一些成功作品的启发。切割形成的空隙部分拉大，并以浅蓝色透明薄有机玻璃填补，这些填补又是各种方式的窗户。只有两种材料的组合却给人丰富的有意味的联想。

一句话，设计工作模型实体的意境，进一步说明材料的指代并非材料的等同。

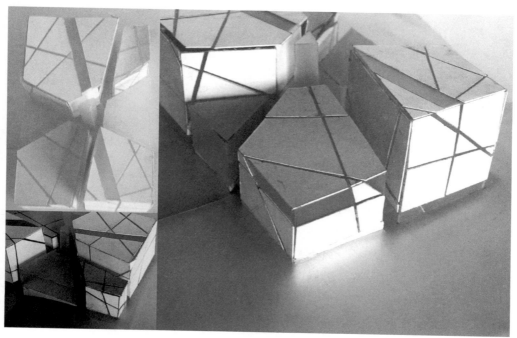

图 03-12

3.6 大树与草坪

在模型环境制作中，也应该更多的是用材料的指代而不是材料的等同去实现。

图 03-13 建学 06-2 班别墅设计环境 01

时间：2008 年秋 指导教师：贾东、王又佳

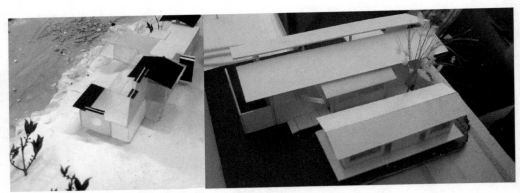

图 03-13

左，是一个有一点南方民居特点的设计，白色石膏做出地面，好似白雪皑皑，用秋天暗红色的真实干枯树叶来指代树，环境效果有趣味。右，用铁丝捆扎了一棵树，放在两栋房子中间，尺度得宜，对比鲜明，突出了房子的形体。

图 03-14 建学 06-2 班别墅设计环境 02（右图）

左上，用了各种粗糙的纸板组合，根据等高线切割成台地状。左下，用几个真实的干枯树丫枝杈叶指代枯树，与简单的建筑形体形成鲜明的对比。右上，树很有意思，用一层一层切割出一定形状的轻质板材做成"塔松"。右下，干脆就用松球来指代塔松。

图 03-14

3.7 人的尺度　人的建筑

　　建筑设计的主要目的是为人服务的，人的尺度、人的活动方式，始终是建筑设计要面对的基本问题。在以工作模型方式进行设计中，对于人的尺度及活动方式的阐述，也有赖于对于材料指代的进一步把握。

图 03-15　建学 06-2 班言语家别墅设计树木

时间：2008 年秋　指导教师：贾东、王又佳

　　别墅模型中树木的枝叶是用海绵卷成的，片状的黄色海绵随意一卷，用双面胶粘在牙签上，每棵不同。海绵蓬松变化及大小，与建筑的尺度相宜；树干则是牙签，自身的长度符合模型的尺度，还可以直接插在 KT 板上。

图 03-15

图 03-16　建学 06-2 班李伟华别墅设计

时间：2008 年秋　指导教师：贾东、王又佳

以木材作为基本材料，楼梯与台阶，既是联系一、二层的主要交通工具，同时又是空间变化的核心，对比纤密的"竹"格栅，融于自然的情怀，跃然于三维实体。

图 03-16

图 03-17　建学 06-2 班言语家别墅设计水亭

时间：2008 年春　指导教师：贾东、王又佳

　　在别墅一层，设计有一四面环水的小方亭，隐藏在主体下方，可居静思。除用四柱支撑上部结构外，四周均使用玻璃，玻璃与柱不直接交接，而是包在柱的外侧，用普通而透明的薄有机玻璃，指代所设计的全落地玻璃，并作必要的划分，体现尺度。

　　一句话，对一块普通的有机玻璃作必要的划分，人的尺度就呈现出来了。

图 03-17

图 03-18　建学 06-2 班言语家别墅设计尺度〔右图〕

　　主要模型材料有白色纸板、无色薄有机玻璃、原色木板、海绵和牙签，分别指代实体的墙、全落地玻璃、水池边的休憩场地、环境中的树，统一在浅色系里。

　　一句话，人的尺度、模型的尺度、配景的尺度，是相互联系的。而这种互动的联系在设计工作模型进行中，与材料的恰当指代密不可分。其交融处，也就是设计之意境所在。

图 03-18

3.8 质感的指代

材料的指代，当着意凸显建筑材料质感时，也可以适当地多采用几种材料。

图 03-19 建学 06-2 班李英别墅设计质感

时间：2008 年春 指导教师：贾东、王又佳

竖向纹理的红色纸材指代红色绣铁皮，本色薄木板指代本色木材，白色亚光纸板指代白色涂料，材料都无反光，色彩指代基本一致。

图 03-19

图 03-20 建学 07-3 班常萌别墅设计（右图）

时间：2009 年春 指导教师：贾东、宋效巍

基本采用白色纸板，既凸显了白色纯净的墙体质感，又突出了少量原木构件。

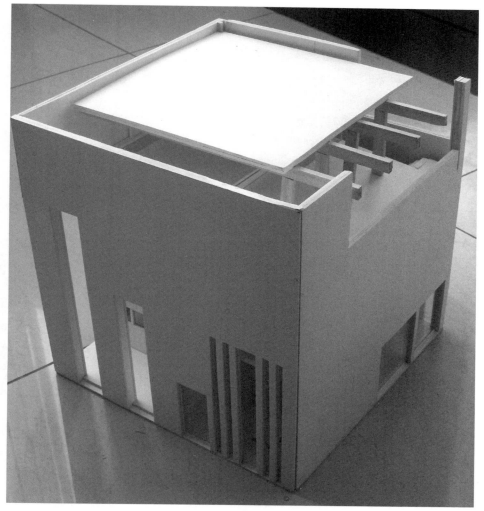

图 03-20

3.9 多用途底盘

设计工作模型底盘制作，材料指代有以下要点：

使用的材料类型尽可能少一些；绿化可以抽象一些，不要刻意去做"逼真"的树木草坪；可以共做公用一个地形底盘；可以自己制作简易的底盘。

图 03-21 建学 06 班公用别墅设计底盘

时间：2008 年春 指导教师：贾东、宋效巍

别墅设计有三个地段，每一个地段集中统一制作了一个底盘，同比例同大小。统一采用木质材料，重点在于准确地体现地形起伏。统一而低调的材料，在评图时，可以自然衬托每一个同学的不同设计，既节约了资源，又提高了效率。

图 03-21

图 03-22　建学 06-2 班言语家别墅设计底盘

时间：2008 年春　指导教师：贾东、王又佳

自己制作一个简易的底盘也是必要的。

用单一的轻质板材指代了几乎所有实物形体，包括用地高差、道路、桥梁、水面，凸显了环境的形态特点。为了方便不同的方案更换，沿用地红线将用地整块地切割出来。

用原色海绵缠绕牙签，指代树木，体现了绿化之"软"。

总体色调统一，为浅白色调偏暖灰，与不同的方案都可以较好地配合。

图 03-22

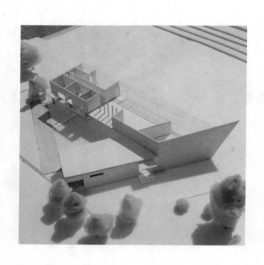

第二部分　设计从模型开始

4 学习的工作模型的制作

学习建筑设计，可以从徒手线条表达开始，可以从摄影开始，可以从阅读一本书开始，从一次旅行开始，也可以从设计工作模型开始。

从设计工作模型开始学习建筑设计，其方式也是多样，包括用佳作分析。佳作分析，是北方工业大学建筑学类专业教学的一个一直延续的题目。

用设计工作模型进行佳作分析，其意义有三：

其一，把资料与图纸提供的二维信息，转化为三维实体，切实提高读图、识图、用图的能力，进而提高对佳作空间关系的理解能力。其二，比例缩小，各构件的取舍和大小的矛盾变得突出。把构件归类简化，调整相应各构件的尺寸，提高了对佳作空间界面的把握能力。其三，实物加上光影关系，这个过程很有成就感，有助于理解佳作之所以成为佳作、大师之所以成为大师的神韵所在。

一句话，用设计工作模型进行佳作分析，注重于过程学习。

4.1 学习做一个别人的房子

图 04-01 建学 07-2 班学习佳作——安藤忠雄 4×4 house（右图）

时间：2009 年春 材料：卡板、有机玻璃板 指导教师：贾东、宋效巍

模型利用卡板指代混凝土，有机玻璃指代真实玻璃，简单纯粹，基本"再现"建筑佳作，进而学习建筑的形式与空间变化，感受大师做设计的严谨及生动。学生曾设想过更改楼梯，在过程中发现，在如此狭小的形体里面，大师设计作品的每一处都经得起推敲，难以更改。

一句话，以实物学习大师佳作，感受大师设计作品的必然性。

图 04-01

4.2 拆分空间

佳作分析的方法很多，可以有如前，基本"再现"的方式，即完整地学习一个房子，还可以有许多其他方式，我们可以称之为拆分空间、分析核心空间、形体与结构等。

其中，拆分空间是除了基本再现之外最常用的一种方式。

拆分空间，以"可见的剖切"来推进学习，其内容有三：

其一，"打开"主要空间，对内外遮掩和微缩造成的尺寸偏差适当纠正。其二，结构的拆解与对应，并依此进一步理解"建筑的结构"。其三，拆分的形体会有特定的光影和视角，有助于进一步的空间体验。

图 04-02 建学 08-3 班李鲲学习迈耶佳作（右图）

时间：2010 年春　材料：白色纸板　指导教师：贾东、宋效巍

迈耶的纯白色的丰富而有逻辑秩序的形体组成，在一定程度上令人忽略了实质的建造材料的复杂性，而这种纯粹的空间与界面的复合游戏，恰恰可以用一种纯白色的白色卡板来指代所有的材料。当纯白色的白色卡板成为拆分空间模型的唯一材料时，玻璃可以与"没有"融为一体，空间的纯净与形体的光影丰富性并没有损失。这里有墙体、窗棂、台阶、平台、壁炉的烟囱，还有美妙的空间。这一切的体验都来自于手工的操作，手工操作与空间体验互动，进而学习到空间形态的变化组织和空间界面的实物组成。

而沿着主要空间走向的"可见的剖切"进一步划分了"动"与"静"的两个形体，或许"动"与"静"并非这个作品的主要内涵，但当把动的形体完成并赋予光影的时候，就有了一种特定的空间与光影体验。

一句话，以手工的实物操作，引导美好的空间体验，进而学习"这是怎么形成的"。

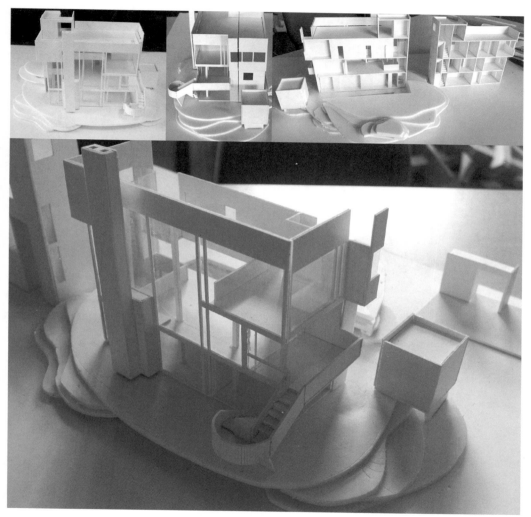

图 04-02

4.3　分析核心空间

　　分析核心空间，可以理解为拆分空间的进一步发展，是在对大师作品整体学习的基础上，进一步以实物方式学习其核心空间形态及形成诸要素。

图 04-03　建学 08-3 班同学住宅空间分析

时间：2009 年春　工具：卡板、玻璃板、木片

指导教师：贾东、宋效巍　小组成员：王瑞峰、马健雄、樊京伟、艾力亚尔

"十"字形轴线进一步演变为风车形，轻盈而又新颖的平面令人印象深刻。

一句话，分析核心空间，有助于理解作品的图形逻辑，进而理解建筑师的设计逻辑。

图 04-03

图 04-04　建学 07-2 班同学住宅空间分析

时间：2009 年春　　材料：木片、木条、卡板、大理石材质贴纸、KT 板、有机玻璃板

指导教师：贾东、宋效巍　　小组成员：孙立晨、吴小音、杨王昱

大师作品采用了开敞式的布局，有规律地布置金属柱子，墙壁自由交错。

　　模型制作细致而有重点，进一步体会内部空间组织和材质运用。界面形体要素有结构柱和玻璃墙、封闭分隔和石材墙等，界面材质要素有大理石、钢、混凝土及玻璃。以白色卡板为底板更加突出了密斯·凡·德·罗（Mis Van der Rohe）"少就是多"的简约的设计风格。

　　一句话，分析核心空间，有助于在内部空间组织和材质运用方面深入综合学习。

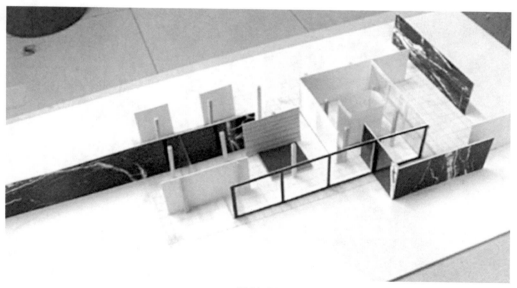

图 04-04

4.4　形体与结构

　　形体与结构，也是一种以设计工作模型为依托的学习，与拆分空间的区别在于，进一步关注建筑的形体与"建筑的"结构，并把它表现出来，是一种以实物切入细部的学习方法。

　　图 04-05　建学 08-3 班樊京伟、常萌学习佳作总体

　　时间：2009 年秋　　材料：卡板、KT 板、木条、订书钉等　　指导教师：贾东、宋效巍

　　该模型为大师作品分析模型，模型同时表现了建筑的平面及剖面，便于观察、分析内部空间。用订书钉将卡纸连接制造穹顶型的屋盖，木条中间掏空仿制建筑的过梁。

　　模型从平面到剖面逻辑清晰，既表现了单元式的空间组织，又表现了建筑本身的构造。

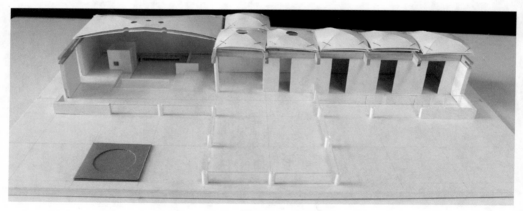

图 04-05

　　图 04-06　建学 08-3 班樊京伟、常萌学习佳作局部（右图）

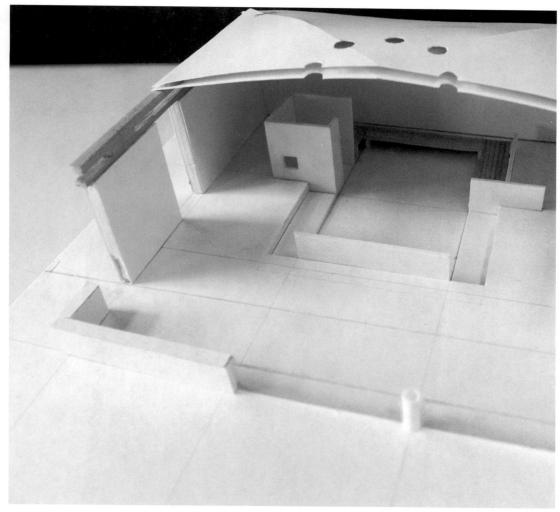

图 04-06

4.5 形体与环境

学习建筑形体与外部环境的关系，而模型工作模型在这方面也有独到之处。

图 04-07 建学 08-3 班林立峰、樊京伟——山上的房子 01

时间：2009 年春 工具：卡板、玻璃板、木条、喷漆

指导教师：贾东、宋效巍

模型花了很大精力"还原"作品所处的自然环境、地势地形，手法既概括又准确。

一句话，适当还原外部环境的过程，会让我们深刻体会到建筑师对待环境的用心所在。

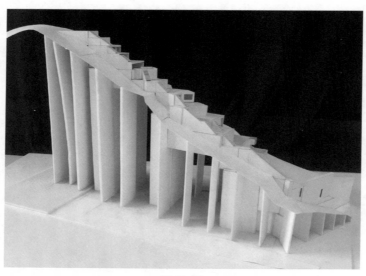

图 04-07

图 04-08 建学 08-3 班林立峰、樊京伟——山上的房子 2（右图）

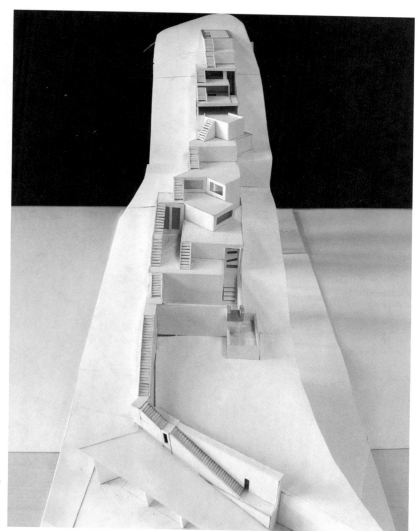

图 04-08

4.6　设计的细部

学习研究一个建筑佳作，还可以依托设计工作模型对设计的细部进行"再现"与思考：为什么建筑师会这么做呢？如果自己设计，会不会也这么做，或者会想到更好的解决办法呢？

一句话，依托设计工作模型，进行细部再现，可以学到更多的超越图纸的东西。

图 04-09　建学 07-2 班张萌小组学习佳作 01

时间：2009 年春　工具：卡板、玻璃板、喷漆、水彩　指导教师：贾东、宋效巍

图 04-09

图 04-10　建学 07-2 班张萌小组学习佳作 02（右图）

图 04-10

4.7 现实的环境

学习的设计工作模型，还有一种方式，就是把我们身边熟悉的东西做出来，也是对环境的一种有效的认识方法。

图 04-11 建学 06-2 班幼儿园环境底盘（右图）

二年级幼儿园设计多年来采用的是一个现实中的地形，就在大学校园内，周围是非常朴素的环境。而做现实的这个环境的过程，也是对环境认识的一种有效的方法。

一面墙规规矩矩地把它的窗洞开出来，这比画一面墙要付出更多的劳动，而在做的过程当中，会进一步体会到这一面墙的尺度及其主要洞口的组成，还有一些变化，如楼梯间所对应的窗口高度的不同。

而在这个过程中又有一定的适当合并或者简化，这是因为没有必要把大小不同的窗户在小比例的环境中也很逼真、很具体地全部再现。

一句话，守拙务实，认识环境。

图 04-11

4.8 天天走的楼梯

当学习的设计工作模型做到一定程度的时候，也会产生很多的乐趣。对于那些经典的名作，我们并不一定有条件身临其境，但是我们可以根据图纸和资料把其"再现"为一个三维的实体，我们在过程中可以学到许多。

而对于自己熟悉的教室，对于天天走的楼梯，实际动手做一下模型，也是一个很好的训练。

图 04-12 建学 07-2 班李剑一四教楼梯（右图）

时间：2009 年秋 材料：卡板、有机玻璃板

作业名称：四教剪刀楼梯单体模型制作 指导教师：贾东、宋效巍

小组成员：李剑一、王丽莉、张萌

楼梯的高度，每一个踏步的高度 15 厘米左右，每一个踏步的宽度 30 厘米左右，然后若干个踏步能够完成从这一层到另一层的提升。每一个长的一跑当中，要有一个休息平台。

而剪刀楼梯是一种特殊的楼梯方式，有时候会把实际上的两个楼梯误以为是一个楼梯，其实并不是这样，而是两个方向不同的楼梯，只是都是直跑，都是中间加了休息平台。这样动手做一做，学生的理解一下变得直接多了。

一句话，我们面对的每一个实物，尽管其原型是别人思考和实施的，但我们自己动手去做一做，也可以留下自己思考和实施的痕迹，这就是学习设计工作模型的意义。

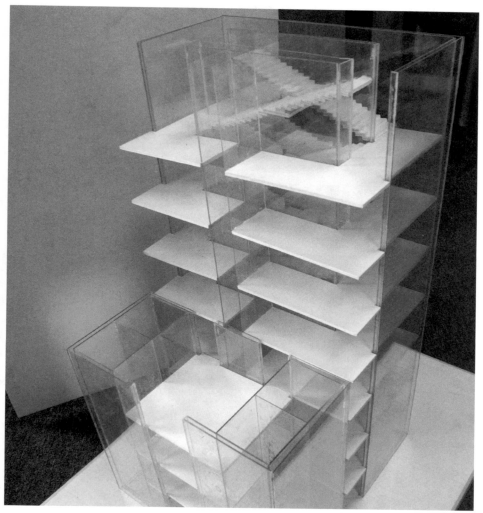

图 04-12

4.9　自己的体验

在学习的过程中，可以有许多自己的体验，进而积累成为自己的一种审美和素养。

图 04-13　建学 06-2 班言语家、李伯千佳作分析 01

时间：2006 年秋　指导教师：崔轶

大师佳作是以讲究材料与构造而著称的密斯·凡·德·罗的作品。充分利用当时可以获得的材料，对玻璃与钢的逻辑体系与诗意组合进行模仿，进而体会到的是每种材料有其自身的特点。

一句话，学习体验，建筑师要做的就是发现材料的品质，并在建筑形态体系中以最恰当的方式予以使用和展现。

图 04-13

图 04-14　建学 06-2 班言语家、李伯千佳作分析 02（右图）

图 04-14

5 自己的工作模型

依托设计工作模型，既学习别人，也进行自己的设计，两者是同步的。

一句话，设计工作模型最实际的意义，就是以三维实物方式，进行自己的设计。

5.1 空间的围合

图 05-01 建学 07-2 班张雯迪餐馆设计 01

时间：2008 年秋 工具：卡板、塑料透明胶片 指导教师：贾东、宋效巍

工作模型有助于把二维表达当中比较复杂的东西或者难以表达的东西变得直观而简洁。

图 05-01

图 05-02 建学 07-2 班张雯迪餐馆设计 02（右图）

图 05-02

5.2 空间与界面

我们讲过，空间界面不是一条线，它是一组组合形体，而这一组组合形体又不是在一个二维向度里边的组合形体，是一个曲面的。

图 05-03 建学 08-3 班常云峰别墅设计透视图

先有了模型，然后根据模型，学生形成了进一步的图纸设计。所以，设计工作模型的意义就在于，进一步地拓展了学生对于用什么样的界面、具体的手法、怎样来形成它的空间的认知。

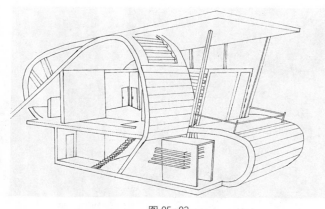

图 05-03

图 05-04 建学 07-2 班王冶餐馆设计可拆解模型（右图）

时间：2008 年秋   工具：卡板

作业名称：餐馆设计   指导教师：贾东、宋效巍

一句话，依托设计工作模型进行自己设计的基本方式，就是始终围绕着空间组织，进行界面的组织、拆解、分析。

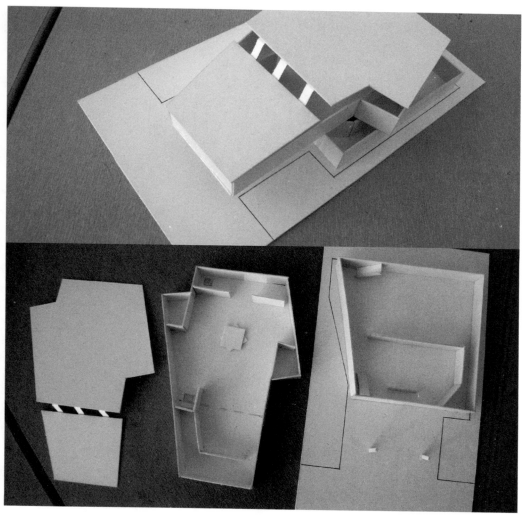

图 05-04

5.3 结构的意识

　　建筑的空间的实现，是以坚实的物质体系为基础，以综合的技术组织为手段的。以设计
工作模型进行自己的设计，这方面很有意义。

　　一句话，建筑的结构的意识，首先应该是建筑学的空间支撑体系的理念与手段。

　　图 05-05　建学 07-2 班李剑一餐馆设计

　　时间：2008 年秋　　工具：卡板、有机玻璃纸　　指导教师：贾东、宋效巍

　　概念模型对于空间结构体系有初步设想，这在设计的深入过程中起到了很大的作用。

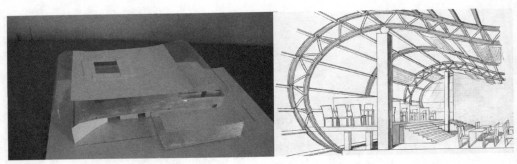

图 05-05

　　图 05-06　建学 06-2 班段伟别墅设计（右图）

　　采用了简单的木材，做一个以木构架为主要特征的房子，整体空间的结构基础是坚实的，
而在坚实的基础上，又进行了灵活的空间组合和划分。

　　一句话，设计工作模型之结构的意识，是以实体的东西，把结构的想法表达出来。

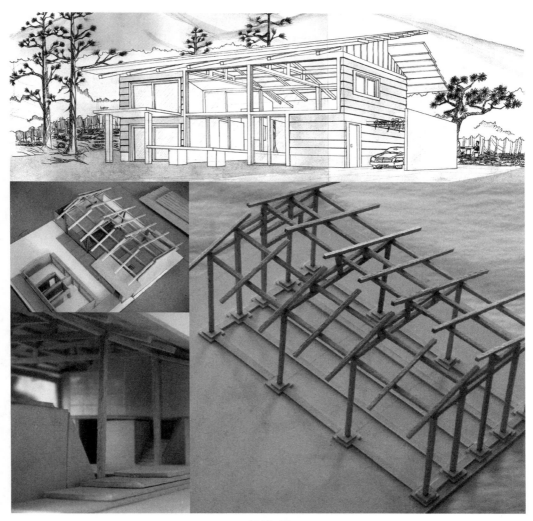

图 05-06

5.4　自己的想法

学习设计的过程是产生坚持调整自己的想法的过程。

一句话，自己的想法在设计工作模型当中，是用什么样的材料实现的、怎么组织、怎么做。

图 05-07　建学 07-2 班张萌别墅设计

时间：2009 年春　工具：卡板、有机玻璃板、铁丝　指导教师：贾东、宋效巍

由于实体模型拼插出很多起初设想不出的空间方式，因而思路渐渐打开。

图 05-07

图 05-08　建学 06-2 班言语家幼儿园设计 01（右图）

时间：2007 年秋　指导教师：贾东、崔轶

思路逐渐清晰，自己的想法逐渐物化为自己的细部。

图 05-08

5.5　自己的做法

自己的思路逐步渐进，与手工操作同步，自然产生自己的做法。

图 05-09　建学 06-2 班言语家幼儿园设计 02

在单元的棱角处开窗，作为活动室的采光。寝室开了零星的小方窗，满足寝室休息和儿童窥探外部世界的心理特点。

一句话，自己的做法，源于自己的想法，如同徒手线条表达一样，是在动手中渐现的。

图 05-09

5.6　自己的意味

图 05-10　建学 06-2 班言语家幼儿园设计 03（右图）

自己的想法与做法互动推进，自然在材料、组织、方式上渐现自己独特的意味。

图 05-10

5.7 第一次只看模型

近年来，在教学中，明确要求"一草"时不看图，只看模型。学生要拿出模型，通过模型与老师、同学交流。明确不要画图，但实际上还必须要画图。这样的进程，同时训练了徒手线条表达和设计工作模型，形成合力，切实推进设计进度，提高了对空间的把握能力。

一句话，第一次只看模型。其实，图还是要画，也要有突破。

图 05-11　建学 06-2 班别墅设计第一次评图 01（右图）

第一周讲课通过调研展开设计，第二周就要求把模型拿出来，大家热情很高，把底盘都做了，这是准备讨论的场景。

材料多种，有白纸、纸板、有机玻璃、KT 板，等等。

手法也很多，有的直接用板材围合空间，有的柱子是用白纸卷做的，等等。

而具体到每一个同学，材料和手法都有归纳和简化，突出了空间形态与界面体系训练。

另外，关于地形，可以三四个人，最好是参加调研的一组人，统一做一个。也可以同一个地段统一做一个模型。

有几个同学一起做了一个石膏的地形，花了很多时间，颇有雪夜孤宅的意思，也不错。而作者主张"一草"地形用快捷方式，宜"干"活，不宜"湿"活。湿活花费时间比较长，要用水，快捷方式直接拿刀子一切就行，而立体的"三维等高线"的地形，比在图上画多少等高线都直观有效。

设计工作模型的地形，其快捷方式，可以用板材归纳等高线裁切，叠加而成。

一句话，设计工作模型的力量就在于，很快地进入三维思维的模式，地形也应如此。

图 05-11

5.8　共享互动的快乐

　　大家围坐在一起，每一个同学拿着自己的模型进行讲述，共享幼稚而有力的设计思想，在空间形态与界面体系组织上思维互动，一起体会设计的快乐。

　　一句话，围坐而论，有物有思，评价启迪，思考设计。

　　而在讲的过程当中，针对同学的想法，老师的指导有评价、类比、绘图等多种方式。

　　图 05-12　建学 06-2 班别墅设计第一次评图 02

图 05-12

　　图 05-13　建学 06-2 班高超别墅设计（右图）

　　本图是一个现场互动的例子。同学想做一个在四合院环境里的合院，却又不同于其他四合院，轴线感很强。老师在剖面上提出了进一步的意见，结合其实物模型，以黑板粉笔沟通，在黑板上绘制了一个能说明问题的剖面。

　　一句话，围坐评"图"之共享互动快乐，设计制作模型与徒手线条共融，同在设计。

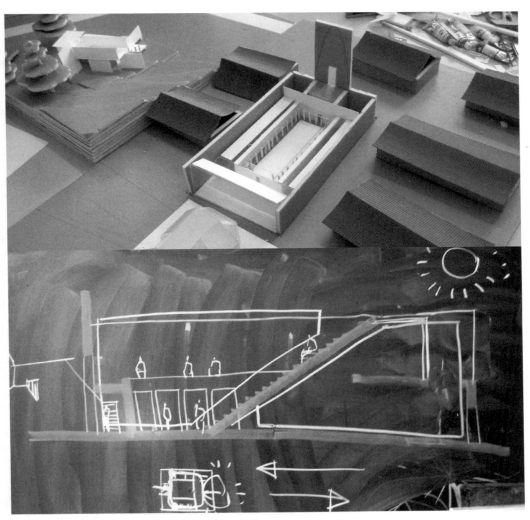

图 05-13

5.9 二维的突破

通过模型，进行自己的设计，设计开始一定程度实现了从二维到三维的转变和突破。

一句话，由学习的工作模型而至自己的工作模型，由自己的想法而至自己的做法。

图 05-14~ 图 05-19 是 2009 年春季北方工业大学聘请的日本新井教授和建筑系林文洁老师带领学生进行的设计工作模型。

图 05-14 二维的突破 01——屋顶边缘的曲面

设计在屋顶掏洞，洞口变化延伸到边缘部分形成曲面，屋顶由 1 层而演变为 2 层。

一句话，屋顶本身可以是三维并多向变化的。

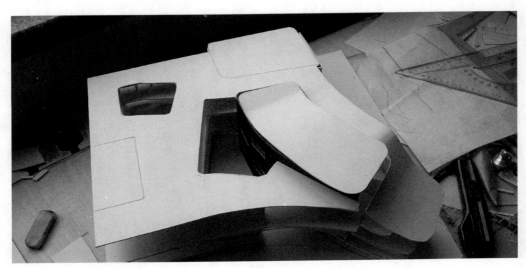

图 05-14

图 05-15　二维的突破 02——坡道形体

左右设计乍一看似乎没有相似性，而实际上，其相似性在于两个形体都用巨大的坡道联系起来。不同之处在于，左，两个形体对比强烈，加上坡道是三类形体的组合；右，左、右形体有一定的相似性，再加上室外楼梯，是两类形体的组合。左，坡道形体是踏步坡道与绿化，还有洞口的一种貌似随机、实际上有序的结合，在踏步的下边有巨大的空间；右，大楼梯更侧重于交通导向性的组织，楼梯本身可能从功能上不一定要做得这样大，但是它需要有仪式性的空间的要求。

一句话，大坡道及室外楼梯既是一种功能性的存在，又是一种仪式性的形体。

图 05-15

图 05-16　二维的突破 03——楼板与墙的构成

从二维到三维的突破方式很多，构成的手法是很常见的。

左、右的设计有一定的相似性，左更强调三维的表皮的变化，右更强调规则的楼板体系与空间的穿插。

一句话，楼板、屋顶、外墙、底面、板面组成体，可以真正把建筑作为立体构成来看。

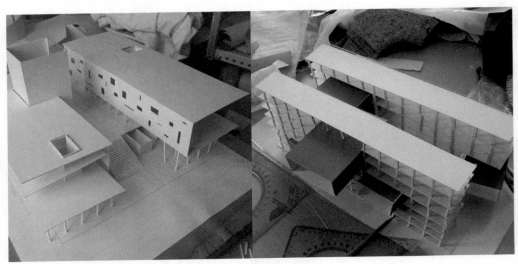

图 05-16

图 05-17 二维的突破 04——折面体

左、右的设计有一定的相似性，都是角形、梯形、楔形的组合，左更强调墙体与楼板之间的契合关系，右更强调外部形体，表皮上又赋予了界格，界格与内、外空间渗透。

一句话，折面成体，三维变化，进行内部空间与外部形体的综合设计。

图 05-17

图 05-18　二维的突破 05——整体与解析

左右对比，是截然不同的两种设计思路。

左，有完整的一张既是立面又是屋顶的表皮，表皮由二维蜷曲而围合成巨大三维的空间，在其侧立面进行了另外方式的立面处理，洞口巨大，甚至可以放得下塔松。

右，各层结构貌似琐碎而松散，实际上采用了一种随机而有秩序的"L"形墙柱组合方式。"L"形本身有非常好的稳定性，而其群体组合可以产生非常丰富的平面变化。

一句话，不同的空间可以用一张表皮来整合，而基本单元结构的解析组合也可以产生非常丰富的空间变化。

图 05-18

图 05-19　二维的突破 06——开放与聚合

左、右的设计都是用曲线组合的，但实际上其思路是不一样的。

左，实际上是一种空间的开放拆分，在屋顶的组成中充分显现。右，是空间聚合而成，以螺旋形的外表皮包裹，形体中间打开一个长方形的中庭。左往下发展，更多的是内部空间的竖向变化。而右更多的是依托规则平面依次调整而产生的曲面外轮廓的形体渐变，其立面更有意思，是一些窄条形的窗，提供一部分采光，另一部分采光试图通过内部的中庭来体现。

一句话，设计工作模型进一步拓展了我们各自设计思路的过程。

图 05-19

6 设计的模型与图

进入自己的设计，工作模型与徒手线条，可以有诸多不同方式，以推进设计为目的。

6.1 模型就是设计

图 06-01 建学 07-2 班张雪别墅设计（右图）

时间：2008 年秋　工具：卡板、有机玻璃板、金属丝网

作业名称：餐馆设计　指导教师：贾东、宋效巍

右图由四部分组成，右下角是设计工作模型，其余为徒手图纸。

这四张图好像基本上相互没有什么大的关系，三张图纸之间其实只有基本的一些设计要素是相同的，不规则的平面组织，楼梯是主要的造型手段，空间边界的曲面变化，而这些要素之间的组合方式可以有很多种。

事实上，在设计初期，工作模型与徒手线条都是有效的设计途径，而不同途径之间，可以有许多不同的探索。特别对在大学二年级而言，在空间、形体、材料组织上会慢慢形成一定的方向性，这是一个渐进而混沌的过程。

设计火花会在一刹那闪现，而设计方向不是一开始就是清晰的。因而，图纸与模型之间的相互促进非常有意义。

一句话，在混沌当中逐渐形成自己的一种设计思路，这恰恰体现了模型就是设计的开始。

图 06-01

6.2　模型进行设计

对于建筑本身，除了内部空间的丰富与合理性很重要之外，建筑立面的细节处理也更加容易增强使用者对建筑的感官认识。

图 06-02　建学 08-3 班李鲲细部设计

时间：2009 年春　工具：卡板、玻璃板、镊子　指导教师：贾东、宋效巍

设计思考了玻璃墙怎么能够成立，与旁边的实墙怎么交接，这是设计细部的过程。

图 06-02

图 06-03　建学 08-3 班别墅设计（右图）

设计确定了一个基本柱网，进行了富于变化的空间的组合尝试，在答辩的时候模型还在进行中，但是学生从其图纸与模型整体推进中完成了学习，其设计过程是完整的。

一句话，有时候不完整的模型，其设计过程也可能是完整的。

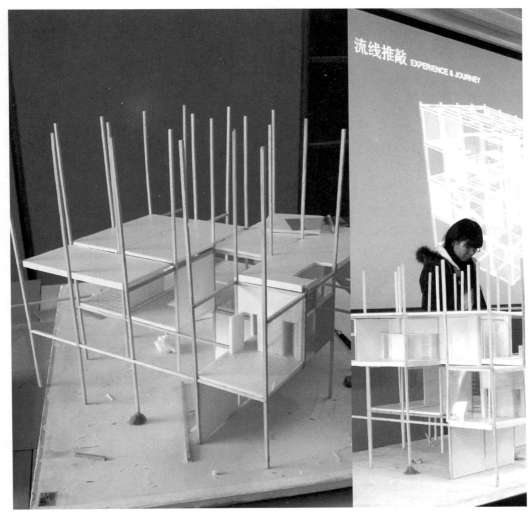

图 06-03

6.3　模型完成设计

当然，大多数情况下，工作模型不仅是完整的，更是完成设计的手段。

图06-04　建学07-2班张萌餐馆设计01

时间：2008年秋　工具：卡板、有机玻璃板、树叶

作业名称：餐馆设计　指导教师：贾东、宋效巍

本模型是设计的最终模型，在内部空间划分及界面设计等方面进行了突出、细致的制作，有隔断墙上的开门及外部的窗棂。

整体模型颜色偏白色系，选择与之成反差的黑色卡板制作周边环境，突出主体建筑，用一点的树杈、树叶做模型的周边绿化景色，使得设计的餐厅更加真实、生机盎然。

一句话，自己的设计，自己的工作模型，妙趣自生。

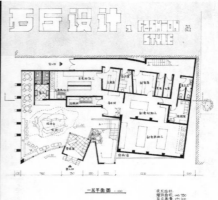

图06-04

图 06-05　建学 07-2 班张萌餐馆设计 02

图纸表现可以兼有二维和三维方式。

本图为一张完整布图，有二维的墨线与彩铅综合表达，图纸右侧有多篇幅模型照片，是三维上实体模型的成果表现，图纸成果饱满丰富。

一句话，模型完成设计，并完整组织在图纸里。

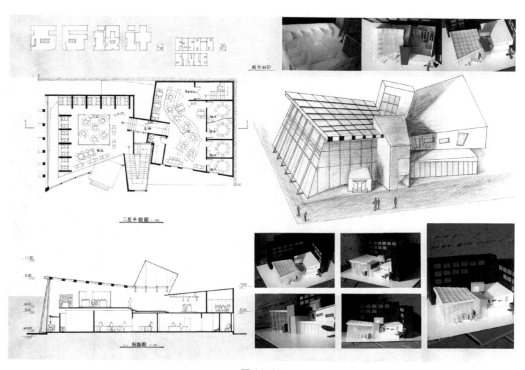

图 06-05

6.4 模型与图纸同步之一

模型与图纸同步有三个含义。其中，第一个含义是在设计整体过程中，模型与图纸同时进行，特别是在方案的酝酿和形成阶段，这个同步直接决定着方案的走向。

一句话，模型与图纸同步，两者不可偏废。

仅仅依托设计工作模型，或仅仅依托徒手线条表达，都是有局限性的。

图 06-06　建学 07-2 班张萌别墅设计

时间：2009 年春　工具：炭笔、卡板等　指导教师：贾东、宋效巍

挑空的大厅及书房、半开敞的钢琴室，这些复杂空间都可以用模型进行推敲，并画了很多小图，做出有一定深度的对比设计，供进一步选择，成为下一步发展的基础。

图 06-06

图 06-07 建学 08-3 班樊京伟别墅设计

时间：2009 年秋 工具：石膏、卡板等 指导教师：贾东、宋效巍

在绘图的同时，进行几次手工制作，以不同的模型方式推进设计，使对空间的认知体验由二维提升到了三维。

在设计过程中，老师鼓励同学做实物模型，尝试多种材料。同学后来选择了石膏墙体，经历了从模子的制作，到灌筑石膏等一系列过程，尽管没有全部"完成"，却使学生感受到如同真实筑造房子的感觉，不仅动手，还要动脑来实现它，并从中获得经验。

一句话，设计工作模型，收获的不止是知识，还有经验。

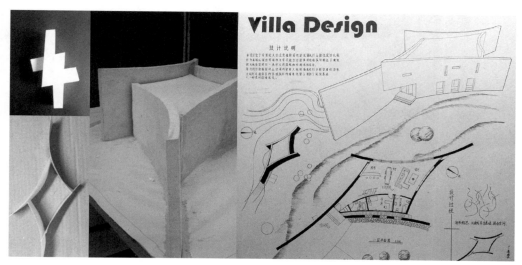

图 06-07

6.5 模型与图纸同步之二

模型与图纸同步的第二个含义是，在主要空间的形成和提炼中，模型侧重界面围合，而图纸把握空间效果，其共同落脚点在于界面细部的实体组织和空间内、外细部的一致性。

图 06-08　建学 08-3 班全晴别墅设计 01

时间：2009 年秋　工具：卡板、有机玻璃板、塑料装饰条　指导教师：贾东、宋效巍

设计灵感来于冰块碎裂，错位滑动。上部分是材质稳重的墙体，下部分运用轻挑的玻璃，营造虚与实的强烈对比。建筑外形非常灵活，内部空间变化丰富。

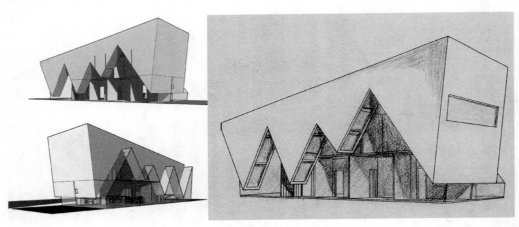

图 06-08

图 06-09　建学 08-3 班全晴别墅设计 02（右图）

设计了旋转楼梯、挑空门厅、开放廊道等。建筑有一部分是搭在湖泊上的，那部分一层楼板是玻璃材质，低头可见湖中的游鱼。

一句话，模型与图纸同步，落脚于界面细部的实体组织和空间内、外细部的一致性。

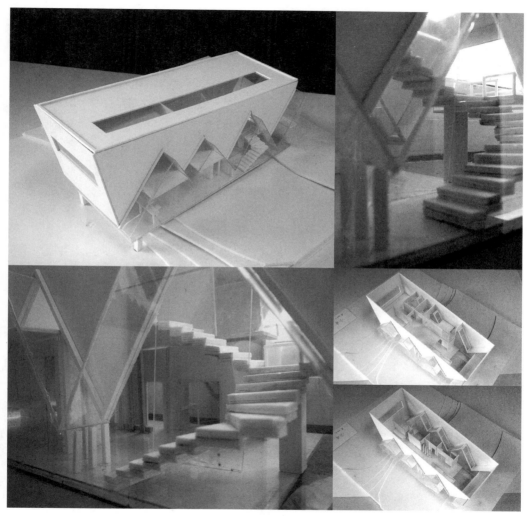

图 06-09

6.6 模型与图纸同步之三

模型与图纸同步的第三个含义是，在教与学的过程中，在同学自己模型与图纸同步的基础上，教师可以以图纸为主要手段，与同学一起梳理设计思路和细部。

对于老师来讲，快速勾画一些图纸比制作模型可能更快捷一些，其示范意义也更大。

有时候，一两张简单的图纸会提示学生在空间组织上的进一步思考，帮助学生进一步明确自己设计发展的方向性。

图 06-10　建学 08-3 班学生别墅设计

在教学过程中，有意识地组织，边画图、边讲解、让同学观摩，是非常必要的。

图 06-10

一句话，在模型与图纸的同步当中，老师和学生的互动是非常重要的。

图 06-11 建学 07-2 班王丽莉别墅设计

时间：2009 年春　工具：泡沫塑料、彩色卡板等　指导教师：贾东、宋效巍

图示包含学生设计工作模型、学生草图、老师草图。

　设计工作模型在设计初期更多侧重于形体组合，对于建筑内部的空间趣味和内、外空间延伸考虑不够。老师在此基础上，以徒手线条草图形式与学生交流，学生的设计工作模型起到了很好的推进作用：用泡沫塑料制作山地地形，用白卡纸和玻璃纸制作入口区域，开敞简洁；用棕红卡纸指代红砖材质，制作起居室和主卧，温暖舒适；用暗绿卡纸指代毛石材质，制作书房和浴室，清新沉静；用细木条制作玻璃分隔；用塑料管制作烟囱；用蓝色玻璃纸制作水池。

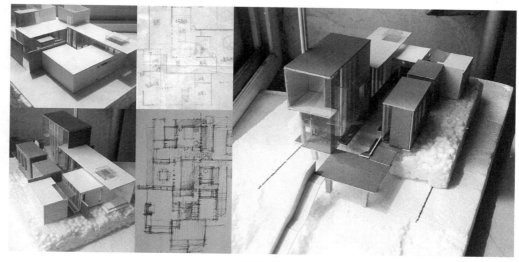

图 06-11

　一句话，模型与图纸同步，细部的设计使空间更加生动。

6.7 模型启发的图纸

模型与图纸互动，手工的三维操作，会把设计推进形体与细部互动的层面。

图 06-12 建学 06-2 班李伟华别墅设计

时间：2008 年春　工具：木材等　指导教师：贾东、王又佳

以木质材料为主指代木材、竹材等主要材料，营造温暖的氛围。

别墅分为三部分：主体、走廊、观景亭。观景亭采用竹子作为材料，它安静地"漂"在那里。向西的起居室采用半封闭的手法，几扇门同时打开时，自然景观便全部被引入室内。阳光照射在木质隔断上，透过缝隙形成斑驳的光影。

一句话，细致的手工操作，也会启发浪漫的思维，使人体味优雅的意境。

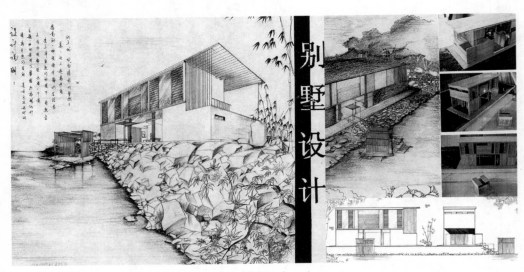

图 06-12

图 06-13　建学 07-2 班杜萌别墅设计

时间：2009 年春　工具：卡纸

作业名称：别墅设计　指导教师：贾东、宋效巍

　　本方案由"一张纸"蜷曲，经过切割、折叠等手段，逐步形成建筑形态和空间，部分家具甚至也是这"一张纸"的一部分，设计过程直接与空间对话，进而落实为图纸成果。

　　一句话，设计工作模型，可以将二维平面蜷曲而成三维空间，继而落实为二维表达。

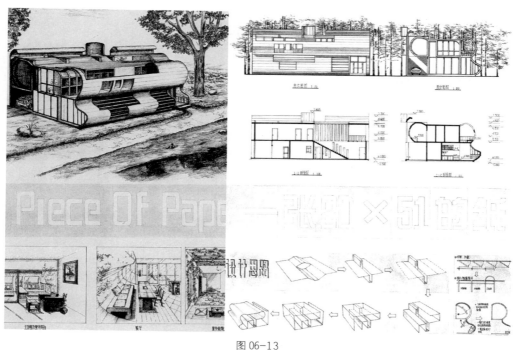

图 06-13

图 06-14　建学 06-2 班李知凡别墅设计

时间：2008 年春　工具：白色卡纸板　指导教师：贾东、王又佳

设计场地位于坡地上，南面临水，景色优美。建筑选址定于坡地顶端，由三个长方体旋转交错而成，模型制作过程中分析体块旋转的角度及拼接处的细节。

前期场地制作中，通过真实材料的操作，学生了解地形的变化。在进一步的建筑设计模型推进中，二层的主卧室不断推敲，有角度的开窗丰富了立面，增加了卧室的采光面积，减少了室外环境对室内的干扰。

而在模型效果上虚实材质的对比、形体上精巧的拼接，使建筑简单纯净。

一句话，设计工作模型可以更好地融汇内部功能和外观造型。

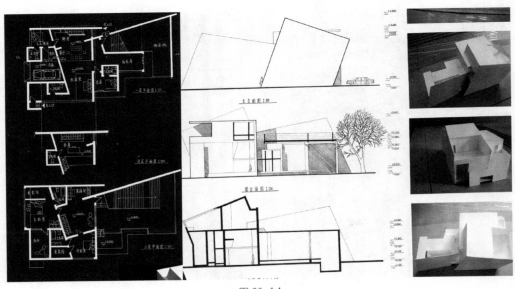

图 06-14

图 06-15　建学 07-2 班刘妍别墅设计

时间：2009 年春　工具：卡板、有机玻璃板、塑料棒、墨水笔　指导教师：贾东、宋效巍

充分利用材料颜色、质感的有序指代，先用白色塑料棒做柱子，做好"结构"，然后分别用黑色卡板、白色卡板、有机玻璃板制作不同功能分区，对比清晰。使用粗细不同的黑色墨水笔画出门框、窗棂、玻璃的分割。

一句话，设计工作模型之形式上的视觉冲击力，可以很好地与图纸表达相得益彰。

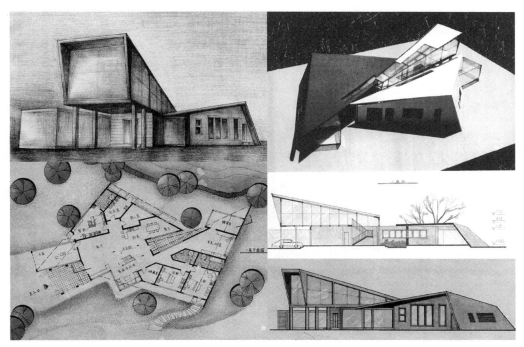

图 06-15

6.8 模型替代的图纸

设计工作模型可以做得很细致，可以在一定程度上，从细部品质的层面替代图纸。

图 06-16 建学 08-3 班樊京伟餐馆设计

时间：2009 年秋 工具：有机玻璃板、卡板、KT 板、双面胶 指导教师：贾东、宋效巍

运用构成的手法，将白色卡板切成线性条和深色 KT 板构成面层，门把手设计较有特点。

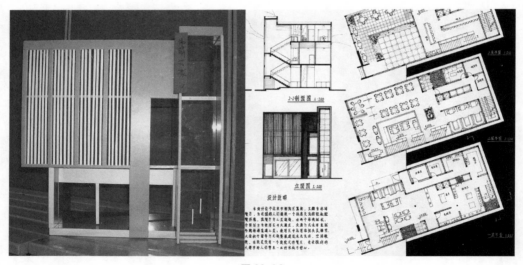

图 06-16

图 06-17 建学 08-3 班张少鹏餐馆设计（右图）

这个餐馆临街立面的成果模型，在入口部位，达到了装修设计的细致程度。

一句话，寸有所长，在细部设计方面，设计工作模型也有其独到之处。

图 06-17

6.9　模型不可替代的图纸

同时，如同图纸不能完全替代模型一样，模型也不可能完全替代图纸。

图 06-18　建学 08-3 班李鲲（左）**、张露茜**（右）**餐馆设计**

这两个立面很有特点，如果完全依靠手工模型去做，就可能走向另外一种纯粹的展示模型，那就脱离了我们制作工作模型的意义，所以在这时候，画图纸本身就更有意义。

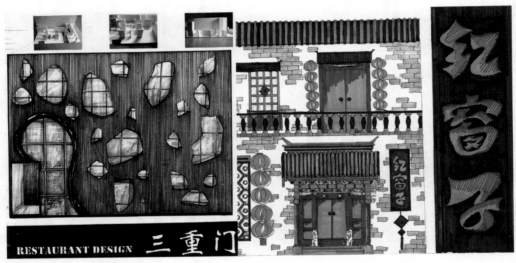

图 06-18

图 06-19　建学 08-3 班赵心怡餐馆设计（右图）

同学想模仿高迪的一些手法，也认真地做了模型，而要进一步细腻表达石头和铸铁的细部与质感，图纸不仅更快捷，而且也更准确一些。

一句话，模型和图纸都是我们设计的左右手，而最主要的还是我们的思维、我们的大脑。

南立面图 1:20

图 06-19

第三部分　过程中的模型

7 手工与设计进程

设计工作模型可以作为设计的开始，也应该是整个设计过程，其意义在于以实体的方式进行方案的演变和细部的衍生。

7.1 形体与空间

图 07-01 建学 06-2 班言语家别墅设计 01

时间：2008 年春　作业名称：别墅设计　学生：言语家　指导教师：贾东、王又佳

设计始于对两个 "L" 形关系的推敲，直观的三维形体感受，让设计过程多变而有趣。

一句话，把形体与空间直接组合，可以使空间组合变化直观而易于操作。

图 07-01

图 07-02 建学 06-2 班言语家别墅设计 02（右图）

当引入场地的因素时，思路逐渐清晰。

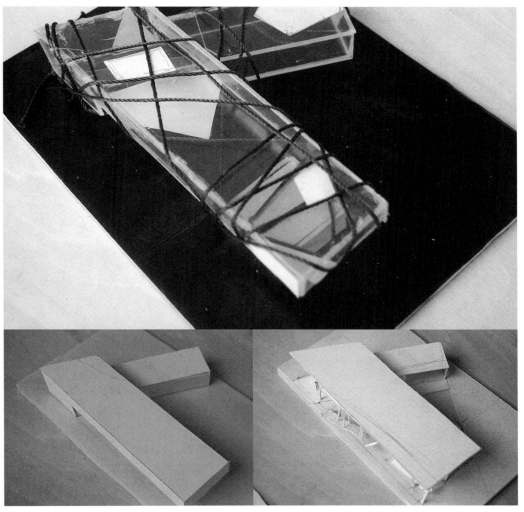

图 07-02

7.2 结构与界面

空间的界面，有时候也就是建筑的结构，是其支撑体系。在尺度相对较小的建筑中，结构与界面之统一，在设计工作模型进程中，可以据此进行设计。

图 07-03 建学 06-2 班言语家别墅设计 03

时间：2008 年春 指导教师：贾东、王又佳

河流与道路的走向，是影响建筑形体的外在因素，临道路一侧采用平行于道路的斜向封闭承重墙，隔绝来自道路的干扰，也是建筑对环境的回应，而临河一面使用大落地玻璃幕墙，拓展景观视野。而卧室部分，则依据房间划分，采用规则的墙体承重。

斜向的封闭承重墙与规则墙体交接处形成二层起居室，空间高大，形体高起，屋顶倾斜，有很强的动势，形体的雕塑感增强。

一句话，在尺度相对较小的建筑中，结构与界面之统一，可以有效地形成空间与造型的统一效果。

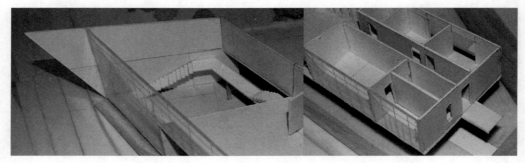

图 07-03

7.3　细部与品味

结构与界面之统一，将结构逻辑与形式美有序结合，可以进一步推敲细部做法。

图 07-04　建学 06-2 班言语家别墅设计 04

玻璃划分，室外楼梯依托梁，室内楼梯依托墙，细部有逻辑，实在而有趣。

图 07-04

7.4 思路与深入

　　设计过程的进展有一定的逻辑性，在思路变得清晰的同时，应该始终围绕着空间界面形态，有意识地向细部进展。思路与细部，并非绝对的前后次序关系，可以同时展开。

　　图 07-05 建学 06-2 班杨莹别墅设计

　　时间：2008 年春　指导教师：贾东、王又佳

　　建筑依托地形高低，北面室外空间与室外山体结合，主要入口与次要入口分别由一层从两侧室外楼梯到达二层的室外空间，然后进入建筑主体，建筑的承重墙体以东、西侧墙为主，而南北立面采用落地玻璃墙，实现光线与视觉的穿透，人站在建筑内部能够看到南北面的风景，外界视线也可以看穿建筑主体。精彩之处的阳光房是玻璃体，并可悬浮移动于游泳池之上。

　　一句话，思路与细部，并非绝对的前后次序关系，可以同时展开。

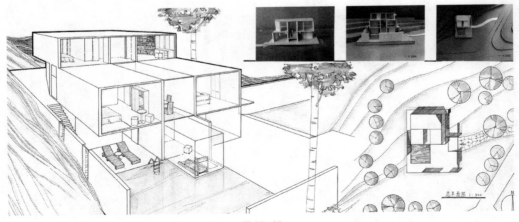

图 07-05

图 07-06　建学 07-2 班赵萌别墅设计

时间：2009 年春　工具：木板、木条、卡板、有机玻璃板　指导教师：贾东、宋效巍

采用木材作为材料，用木条、木板分别制作墙柱，突出空间的灵活结构。

一句话，细部不仅是思路的体现，有时就是思路本身。

图 07-06

图 07-07　建学 06-2 班吕铁童别墅设计 01

　　这个设计采用了四个基本相同的四方体，但是四个四方体之间有变化、有不同，其平面大小不同，结构形式也有所不同。其顶部也有变化，有的采光比较大，有的采光比较小，有的只是起一个竖向通风的作用，以便与下面的功能对应。

　　族群式形体的逻辑感很强，结构体系简洁，以设计工作模型推进设计，三维的空间组织表达非常清晰，细部与"建筑的结构"有序结合。此外，图面组织，包括室内透视也做到了画图与模型相结合。

　　一句话，思路深入的过程，就是逻辑清晰有序地做出细部。

图 07-07

图 07-08　建学 06-2 班吕铁童别墅设计 02（右图）

图 07-08

7.5　火花的凝结

一开始的火花是宝贵的，要及时将其落实为特征显著的具体形态，这就是火花的凝结。

图 07-09　建学 07-2 班刘汉雄别墅设计 01

时间：2008 年秋　工具：卡板、有机玻璃板　指导教师：贾东、宋效巍

这是一个将闪现的想法落实、深化的典型，可以称之为"旋转的门架"。

多个框架由中部到两侧逐渐递进扭转，利用框架对阳光的遮挡，尝试了对于不同时间段阳光射入的控制，开放的门架缝隙能够让风自由出入。

一句话，设计的深入，必然要过滤掉许多东西，但要注重开始时的设计灵感并拓展。

图 07-09

图 07-10　建学 07-2 班刘汉雄别墅设计 02（右图）

南立面图 1 : 100

西立面图 1 : 100

图 07-10

7.6　闪烁演化为细部

火花凝结，还要继续蔓延，并形成自己对于"这一个"细部的操作。

图 07-11　建学 07-2 班张萌幼儿园设计 01

时间：2008 年秋　工具：木条、木板、玻璃、塑料　指导教师：贾东、宋效巍

温暖的木屋群落，可以拆分，材料指代运用得当，从整体到细部，都有设计的激情闪烁。

一句话，火花凝结，可以转化为有整体与单体而细部贯彻始终的一个逻辑体系。

图 07-11

图 07-12　建学 07-2 班张萌幼儿园设计 02（右图）

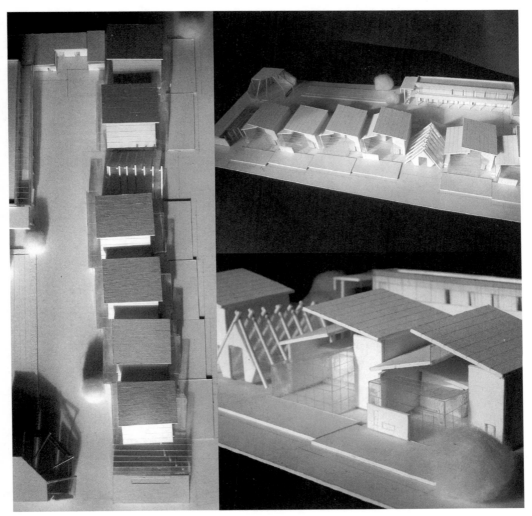

图 07-12

7.7 由一点开始

　　用语言描述设计进程，线形发展、中心辐射、结构错位等词汇，都有一定的适用范围与局限，其共同点，或许可以归纳为从一点开始。而设计工作模型的推进，有的显现了由一点开始，线性发展、中心辐射、结构错位兼备的特点。

　　图 07-13　建学 08-3 班常萌别墅设计 01

　　时间：2009 年秋　工具：卡板、卡纸　指导教师：贾东、宋效巍

　　左图以卡纸围合空间，推敲功能分区。卡纸质软，易于随思维简易修改，其形体组织基本是围绕某一核心空间的若干功能分区布局。右图为硬质的卡板搭成的另一个构思，推敲室内、外的视线和光线，其立面有一定的特点。而这两个形式差异很大的设计，其设计进程都有中心辐射涵义，而左图偏重于思维过程的错位组合，右图偏重于形体组织的线性逻辑发展。

　　最终方案确定了以 3 米为结构模数的一个 12 米 ×12 米 ×12 米的立方体方盒子。

图 07-13

图 07-14 建学 08-3 班常萌别墅设计 02

时间：2009 年秋 工具：卡板、玻璃板、木条 指导教师：贾东、宋效巍

作为设计成果的设计工作模型，为了突出表现内部空间的安排，外立面整片墙可以取下，以全方位展示内部空间丰富的错层，以及交通空间的错落。

以纯粹体现空间为目的，模型主体均用白色卡板制作，辅助使用玻璃板、木条。

一句话，由一点开始，实物操作，设计进程其实线性发展、中心辐射、结构错位兼备。

图 07-14

图 07-15　建学 08-3 班常萌别墅设计 03

设计工作模型对内部空间划分与外部空间细部都进行了细致推敲。

左为模型剖切,右上为入口处门廊,将板材做成块状,加大体量,表达门廊柱子的厚重感,尝试"反尺度"的细部。同时对光与影进行研究,把廊柱的序列延续到室内,产生错落有致的光影。右下为手绘的剖透视,综合表现了内外空间的变化、内部空间宜人的尺度。

设计给人一种家的温暖,并以个性的方式做到了舒适、实用、美观。

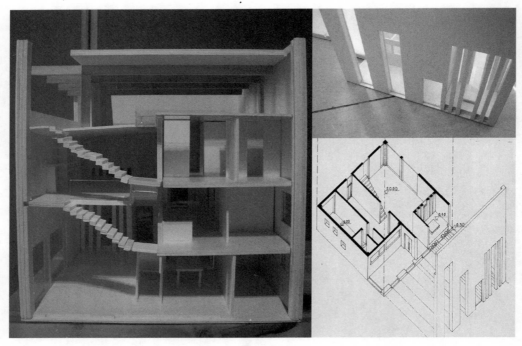

图 07-15

7.8　没有结束

在设计工作模型进行过程中，有时候一个模型没有做完，但设计的过程可能是完整的；有时候模型做完了，但设计的过程还在延续。

如果把模型的一些部分进行拆解再重新组装，这种过程是非常有趣而富有变化的。

图 07-16　建学 08-3 班潘博亮别墅设计

整体设计工作模型基本已经完成，这时候，对于书房和主卧室的空间形体关系，学生进行了多方面的推敲，相当于用实体模型从另外的角度进行了多个细化方案的对比。

一句话，设计工作模型与徒手线条表达一样，对设计来讲是一个过程，这个过程会有很多节点，而总体来讲是没有结束的。

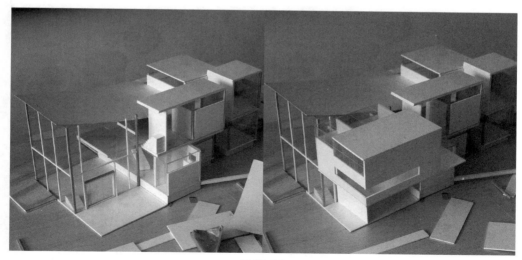

图 07-16

7.9 欢乐的街道

当每一个同学都开始动手，以实物设计工作模型推进设计的时候，教室里热闹起来，充满了欢乐的气氛，而当这种欢乐的主观努力通过老师教学的组织，再进一步落实回设计过程的时候，这种欢乐就变得更有意义了。

图 07-17 2009 秋季建学 08-3 班二年级餐馆设计 01

在二年级餐馆设计当中，沿着一条街道划定真正相邻的地段，同学们选择不同的地段，各个地段面向街道有一个完整的立面，而两侧的墙不允许开任何的门窗洞口。同学们做模型，在各自的地段将各自的模型放在一起。负责拐角处地段的同学会特别兴奋，因为有两个立面可以展示给大家。

图 07-17

图07-18　2009秋季建学08-3班二年级餐馆设计02

设计推进，当"餐馆"形成一条街的时候，同学们也在学校的走廊里站在街道的两侧，形成一条欢乐的街道。

一句话，设计工作模型的快乐，如同欢乐的街道两侧一个个富有个性的表情。

图07-18

8　细部与建筑的结构

细部不是设计之后的追加，是设计的重要组成，是伴随设计同步进行的。

建筑意义的结构也不是狭义的建筑结构专业的结构，而是具有划分空间与承重受力多重意义之形体及其组合，即建筑空间的界面组织，也可以将其理解为空间构成的体系。

8.1　建筑意义的结构

图 08-01　建学 06-2 班贾向东别墅设计 01

时间：2008 年春　指导教师：贾东、王又佳

场地一角高起，两个长方形围合成开放院子，直接以空间界面组织形体。

图 08-01

图 08-02　建学 06-2 班贾向东别墅设计 02（右图）

多个方案，结构逐渐不局限于实用空间界面，形成实用与形式共同具备的空间构成体系。

图 08-02

8.2 结构与逻辑

建筑意义的结构，其逻辑形式丰富，不局限于单纯受力逻辑，首先是空间界面的划分，继而是形体之间的相互推导关系。这种推导关系不是单纯力学的关系，可以是递进的关系，也可以是错位的关系。这种关系一般情况下表现为一种统一组合，也可以表现为一种分离以后的重新组合。

图 08-03　建学 06-2 班贾向东别墅设计 03

时间：2008 年春　指导教师：贾东、王又佳

四个正立方体，每个立方体六个全透明的面通透，功能各不相同而相互联系，最大的是生活与会客室，次之为主人房，再次为车库与佣人房，最小的是楼梯。

根据尺寸切出相应长度的木条，然后用黑色喷漆喷匀，用 U 胶粘成正方体框架。用有机玻璃做立面，并用勾刀划出痕迹作立面分隔。在框架上粘底板、立柱子，一层、二层、三层。把切出的一段一段的楼梯踏步组装起来粘接到正方体内。

图 08-03

图 08-04 建学 06-2 班贾向东别墅设计 04

用纸板粘接起地形，并在所需变化处进行了切削处理。

独立于四个正立方体的连续折面外壳结构撑满了场地，开放而有力，其组合体现出设计对地形与结构的独特认识。将四个正方体组装到外壳，清晰的逻辑关系展现出丰富的变化。

一句话，以设计工作模型探寻推进、落实建筑设计的逻辑体系，清晰的建筑的结构与有趣的细部变化有序而生。

图 08-04

8.3　体系与组织

　　体系与组织即建筑的结与构、建筑的功能的相互关系，这种关系不应该是简单的六面体围合关系，而是一个依次递进的组合关系，或者是先分解再组合的关系，或是中心发散的关系。

　　图 08-05　建学 06-2 班贾向东别墅设计 05

　　该设计成果将体系与组织之先分解再组合的设计思路，清晰呈现。

　　白色的外壳，或墙、或地、或顶。黑色的框架棱角分明，透明的立面通透轻盈。

　　正式图使用素描的方法，以纯净色调表现细部与结构的一体化。

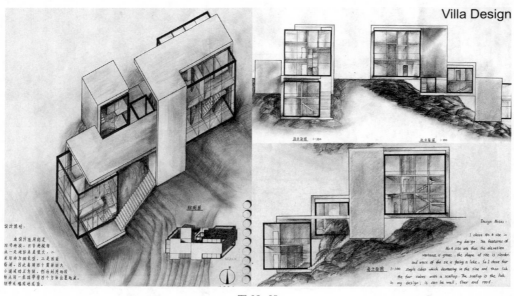

图 08-05

　　图 08-06　建学 06-2 班贾向东别墅设计 06（右图）

图 08-06

图 08-07　建学 06-2 班贾向东幼儿园设计 01

时间：2007 年秋　指导教师：贾东、王又佳

　　该设计工作模型是在体系与组织方面依次递进的一个典型。同时，幼儿单元兼有先分解再组合与中心发散的特点。南方六班幼儿园设计，场地充足，将房间全部布置于一层。幼儿单元布置均匀，以走廊与办公、辅助、音体用房串联，每班有充足的活动场地和集体活动场地。南方气候温和，走廊采用有顶开敞式。设计将一个方形幼儿单元分解，再组合成一个由中心开敞空间发散而三面突出的母形单元，中心开敞空间顶部的设计思路借鉴了蒙古包。

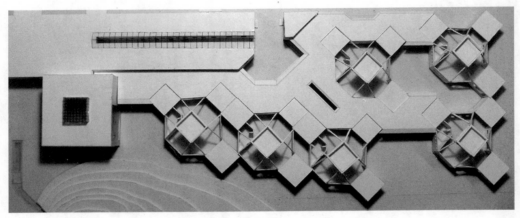

图 08-07

图 08-08　建学 06-2 班贾向东幼儿园设计 02（右图）

　　细部设计到位、制作精细。幼儿单元中心开敞空间顶部由精心粘接的八根斜向支撑顶起一个小方形，形成八个斜面采光窗和高耸的中心空间。

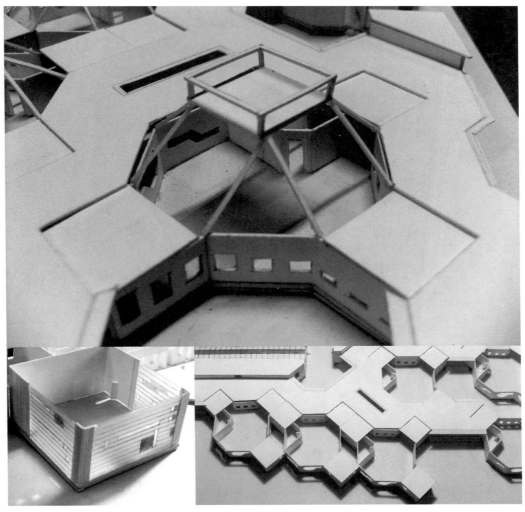

图 08-08

8.4 细部与模数

在设计工作模型推进中，适当地、合理地加入一定的模数概念，并严格制约自己，就在两方面对自己有一个训练：第一个是空间组织大小的递进关系、长宽高之间的递进关系；第二个是表面形体尺度的逻辑性与一致性，以及递进性。

图 08-09 建学 07-2 班张萌别墅设计 01

时间：2009 年春 作业名称：别墅设计 指导教师：贾东、宋效巍

本设计以 600 毫米的模数为基础，形成一个 10.8 米见方的正立方体方盒子，平面立面与剖面的尺寸都以 600 毫米模数进行递进增减，并对应开窗划分。

同时，手绘剖切透视清楚地反映建筑内部的空间变化。

一句话，把细部设计与模数要求结合起来，有助于训练"建筑完成面"控制能力。

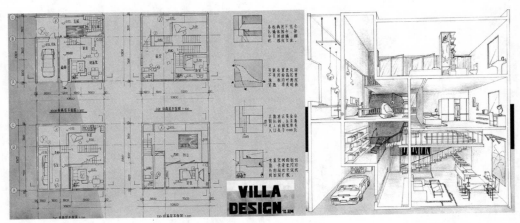

图 08-09

图 08-10 建学 07-2 班张萌别墅设计 02（右图）

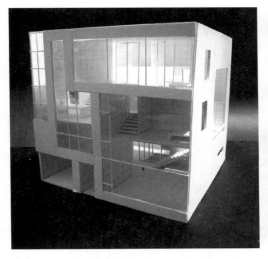

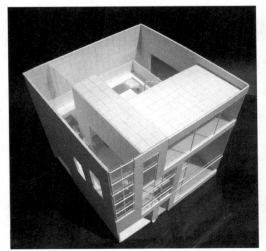

图 08-10

图 08-11　建学 07-2 班张萌别墅设计 03

　　有秩序的模数递进增强了设计的逻辑，而小透视不遵循一般透视原则，并加入艺术表现手法，突出了黑与白的对比，在有序中又有自己设计的活泼感。

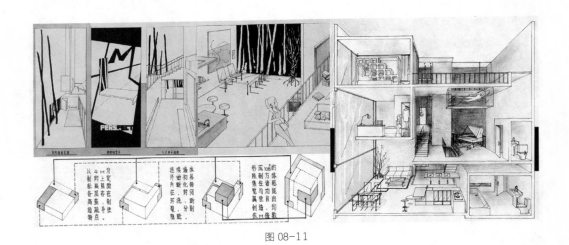

图 08-11

图 08-12　建学 07-2 班张萌别墅设计 04（右图）

　　细部跟模数同步，无论是水平还是竖向，都有一个很清晰的递进关系。

　　从屋顶俯瞰，每一个主要平面都对应模数，每一扇门的宽度占了两个格子，其高度与模数也有一定的关系，一切都很有秩序，也有趣味。

　　一句话，建筑的模数，利于秩序，也趣味自生，通过设计工作模型推敲，更有收获。

图 08-12

8.5　细部与层次

设计工作模型的逻辑还体现在，细部在不同阶段的设计进展中，呈现出不同的深度来。

图 08-13　建学 08-3 班王瑞峰别墅设计 01

时间：2009 年春　工具：卡板、玻璃板、木板、竹签、瓦楞纸　指导教师：贾东、宋效巍

这是设计初期的设计工作模型，制作一个大屋顶的想法出现，几经周折，保留下来，并在屋顶造型、结构围合分离等方面推敲下去。

图 08-13

图 08-14　建学 08-3 班王瑞峰别墅设计 02（右图）

时间：2009 年春　工具：木板、有机玻璃板、木条　指导教师：贾东、宋效巍

剖切模型可以提供另一种设计工作方式，既保持空间与造型的基本关系，又不断进行改进，尤其是细部设计。模型比例增大，原来被忽略的内容显现出来，便于改正。

一句话，工作模型的细部在不同阶段的设计进展，呈现出不同的深度和角度来。

图 08-14

8.6　场地流线结构

对于大尺度场地和交通流线组织，用厚度适宜的纸裁剪成条状指代高速公路是常见的手法，并简化形体层次和细部，进而更直接地推敲场地空间关系、形体结构、交通穿插。

图 08-15　建学 07-2 班张萌小组概念设计 01

时间：2009 年秋　学生：张萌、董华楠、赵辰、马秋妍、刘津含　指导教师：马欣、杨瑞

通过简洁材料制作，逐步理解了场地中的道路构架系统，检查关口及通关流线。

一句话，比较真实地反映城市道路的高差，也有助于我们理解今天城市运行的昂贵。

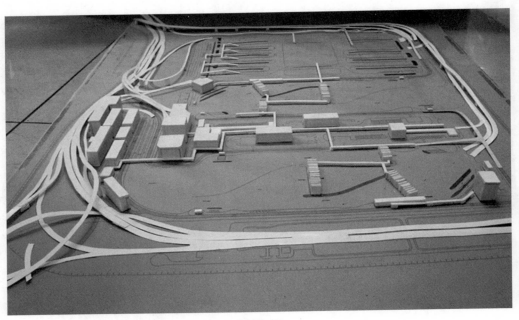

图 08-15

8.7　结构与细部共生

大尺度场地和交通流线组织设计，指代材料简洁，流线结构清晰，结构与细部共生。

图 08-16　建学 07-2 班张萌小组概念设计 02

逐步形成理念"脉"，纯净透明的物质内部，一根根形似"脉"的管子穿越其中。

图 08-16

　　实际上，如同绘图，草图与正图的所谓阶段划分不那么清晰一样，草模与正模的概念界限也变得模糊，而结构性的细部设计工作模型的推进，从流线结构到形体结构，出现了诸多形体组织的问题，这些问题清晰而多解，继续推进，这正是设计工作模型的意义。

　　图 08-17　建学 07-2 班张萌小组概念设计 03

　　沿着整体理念"脉"，走向建筑理念"管子"。在结构与细部的共生中，表皮是一个集中而纠结的地带，自然也是设计工作模型的重点。

　　一句话，"建筑的"结构与"制作的"细部互相促进，这就是结构与细部的共生。

图 08-17

　　图 08-18　建学 07-2 班张萌小组概念设计 04（右图）

　　管子表皮的概念开始落实为实体模型，在遵循人体度量学的基础下，通过银色卡纸进行管子表皮开洞推敲，内外质感的反差，多层、错位、开洞带来的光影变化，引起进一步思考。

　　一句话，"表皮"既是结构，也是细部，它可以在实物操作中饱含变化与烂漫。

图 08-18

8.8 在手工中出现

图 08-19 建学 07-2 班张萌小组概念设计 05

"管子"由用木条制作的构架、银色卡纸制作的表皮组成，构架由直线组成曲面，有力而呈清晰单元，表皮寓意内、外"膜"复合，交错开洞而延展。纸片人，设定建筑尺度。

一句话，这种"实物组织"的手工出现，对学生而言，其实就是一种"实现"。

图 08-19

8.9 手工的理性与浪漫

图 08-20 建学 07-2 班张萌小组概念设计 06（右图）

脉、管子、表皮，落实为清晰的单位结构，美观而生动，设计理念表达清晰。

一句话，实物的设计工作模型，可以很理性，也可以很浪漫。

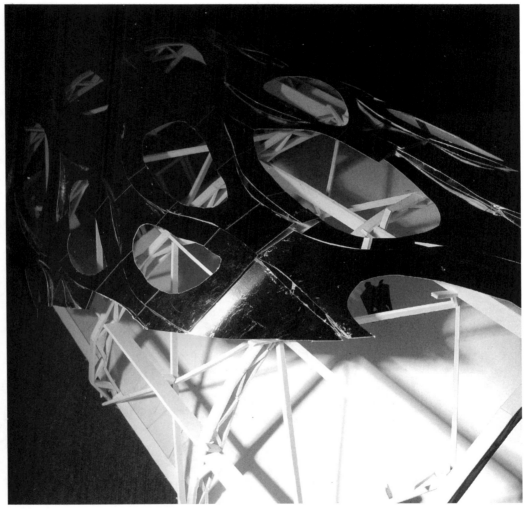

图 08-20

9 一个图书馆的再构

再造，目标是北方工业大学新图书馆，内容是图书馆的主体"建筑的"结构；这次再造，比例缩小了，材料统一为木质；这次再造，是另一种典型的设计工作模型的实践再构。

一句话，设计工作模型与实际项目实施过程同步，实践和分析能力的培养意义巨大。

9.1 图纸的再构

北方工业大学新图书馆地上主体建筑 7 层，地下 2 层。总建筑面积 19652 平方米。

图 09-01 北方工业大学新图书馆效果图

方案设计时间：2005 年秋季 制图：建学 02-3 班 韩俊杰 方案设计：贾东

图 09-01

　　北方工业大学新图书馆之再构，是为学生作为学习之用的设计工作模型。首先，是把施工图（不是方案图），转化为可以据之进行实体操作的图纸，这就是图纸的再构。

　　一句话，设计工作模型之欲工其事，必善其器，不仅是工具实物的准备。

　　第一步，对实际工程明确而清晰地读图及图纸简化。整个施工图包含数百张各种大小、内容庞杂的各个专业施工图，以建筑专业为主，结构专业次之，参照其他专业，系统的读图工作是必要的。在基本读懂图纸，初步确立三维立体概念的同时，基本的建筑专业平、立、剖图纸的简化是很重要的一步，格式转化为图形文件，区分了线形粗细，便于直观阅读。形成了一套准确而精炼的图纸，再次进行读图，确立三维立体概念。准确而精炼的要求，决定了不采用原本相对简单的方案与初步设计图纸。这个由繁到简的过程非常必要。同时，保留经过简化的矢量文件，以便随时查阅各种尺寸。

　　图 09-02　图书馆南立面图

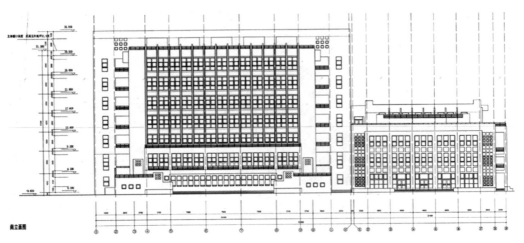

图 09-02

　　第二步，在确立三维立体概念的基础上，进行建模。在总体建模过程中，尽可能采用将简单形体组合为复杂形体的做法，确立了实体模型的"构建"意识。同时，经过讨论，决定把建筑建模一直拓展到地下部分。这样，在建筑之外用"大盒子"指代实际高于建筑地下部分的室外地坪。

　　第三步，建模的细化，总体建筑除了前面所述主体外，还有报告厅，是一个外貌 4 层，内部主要空间为 3 层的组合形体，相对主体而言，其空间变化较多，各种构件类型也多。建模过程基本强化了三维认识，中间剖切，进一步理解了这组 3 层空间的内部变化。后来发现，即使这样细致的工作，对于今后的实体再构实际操作，还是不够的。

图 09-03　报告厅剖切透视轴测

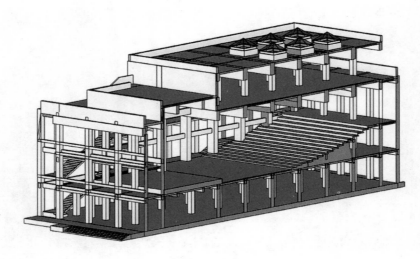

图 09-03

图 09-04　图书馆主体组合图（右图）

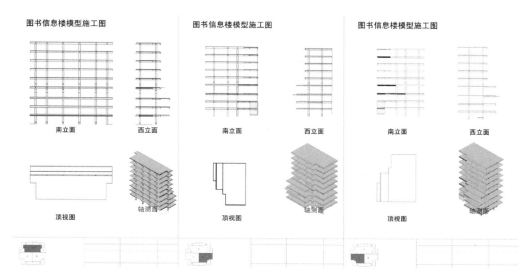

图书信息楼模型施工图　　　图书信息楼模型施工图　　　图书信息楼模型施工图

南立面　　　西立面

顶视图　　　轴测面

南立面　　　西立面

顶视图　　　轴测面

南立面　　　西立面

顶视图　　　轴测面

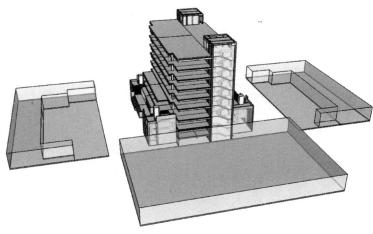

图 09-04

图 09-05   图书馆主体楼梯图

　　楼梯间是重点，楼梯不是孤立存在的，它既是上下联系的通道，也是水平联系的节点。在建模过程中，楼梯踏步、跑、休息平台、分割墙、支撑的三维立体概念进一步清晰起来。进一步对各层楼板进行建模，当它们与楼梯的建模组合在一起的时候，体现了楼梯间的体量（而不仅仅是平面面积）与其可以"带动"的使用空间体量的关系。

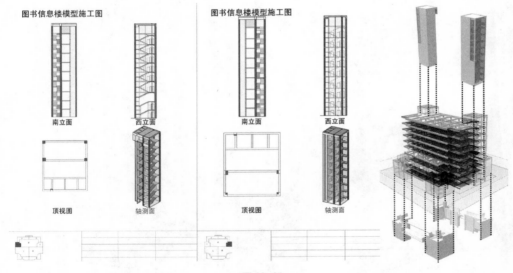

图 09-05

图 09-06   室内、室外楼梯组合图（右图）

　　室内、外交叉部分楼梯，其读图、建模的难度也是比较大的，建立三维模型的过程其实是读图的一个延续，没有这一步，其实没有完成读图的过程，也难以确立三维立体概念。

　　一句话，与实际项目实施过程同步的设计工作模型，从读图到图纸再构十分重要。

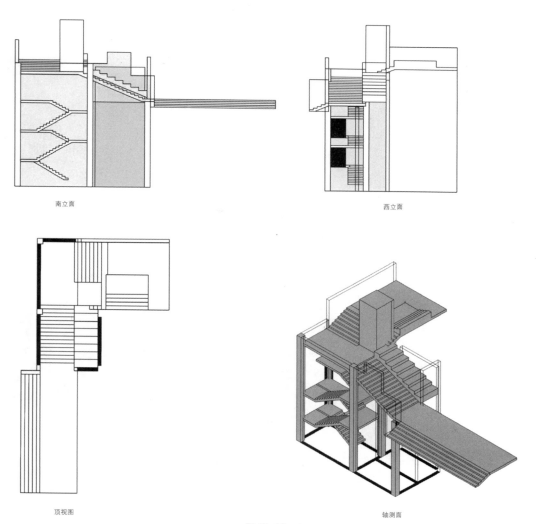

南立面

西立面

顶视图

轴测面

图 09-06

9.2 同步的两个工程

实际工程的施工和图书馆的模型制作几乎是同步展开的。一方面是实际现场的钢筋混凝土的捆扎和浇筑，另外一个方面是学生开始对图书馆进行进一步的学习和理解。

图 09-07　调研工地

同学们在老师的带领下多次到工地现场学习，这个过程的意义是非常大的，一个尺度的概念在头脑当中逐渐形成，同时课程中所学的各种工地实习的内容、施工的内容也与实际的案例真实地结合在一起。

图 09-07

图 09-08　钢筋模板及辅助工具（右图）

那些形态各异而多数简单的构件，数量庞大，重复枯燥，却又丝毫不可或缺，似乎在暗示着模型工作的艰苦与持久。

一句话，工地上，一丝不苟捆扎的每一根钢筋，是汗水和严谨，是激情创造的基石。

图 09-08

9.3 工具空间团队安全

一句话，空间和工具是必需的，而安全更是必须的。

图 09-09 工具与空间

图 09-09

图 09-10 同学们自己选的个人照（右图）

图 09-10

图 09-11　规范与安全

在整个制作过程中，遵守各种工具，特别是中型机器的操作规范，确保安全是第一位的。

因为前后有几十位同学参加，指导教师的心情其实有时候重点不是在于做什么，而是再三嘱咐学生规范操作，安全第一。特别在现场制作的时候，更多的是关注学生的安全。

后来，模型组装完毕，模型室打扫干净，材料码放整齐，各类工具归位，学生们围着庞大的模型，围着自己的手工成就欣喜地欣赏，而指导教师的第一个感觉是，放心了。

图 09-11

一句话，再一次重复，安全第一。

9.4 数量与标准

图纸准备充分,工具材料到位,安全意识确立,实际的操作开始了。

首先,把木材分解出各种基本的毛坯体块。根据图纸用铅笔和尺子画出符合图纸尺寸的标准线,照着图纸把木材分解开。对于建筑构件的理解,由一个真实的实际尺寸,到一个严格按照比例缩小的尺寸,再到一个要琢磨连接方式的尺寸,并预留出粘接需要的微小空间。

图 09-12 按图纸画线

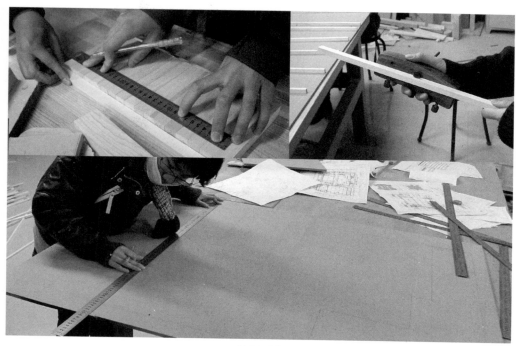

图 09-12

图 09-13　画线后码料

当画完线之后，把毛坯体块码在一起，形成一个有些分量的实物组合，虽然这只是其中很少的一部分，但是，图纸的二维感觉已经开始被大量的重复构件的三维感觉代替，一个小工地的感觉开始呈现出来，我们很容易拷贝复制图纸的内容，但是每一个构件都需要一个一个地去做，在做的过程当中要有编号。

毛坯体块当画完线之后把料码在一起，重复构件的实物分量凸现。

图 09-13

9.5　木头与节点

现实的工程是钢筋混凝土的，而做的模型是木头的，所以在做的过程当中需要根据木头的原理来把各种节点重新组织，更多的是利用榫卯结构。

图 09-14　开榫

这是同学们在根据图纸的要求，切割各种榫口的交接处。

一句话，材料指代，自然带来符合模型材料特点的节点方式。

图 09-14

图 09-15　打磨修边

当各种构件被裁切以后，需要打磨修边。

几十个甚至上百个构件，每一个都要达到一定的工艺标准。这时候，设计的激情逐渐被劳动的坚韧所取代，一步一步，重复劳动，做好每一个构件。

一句话，设计的相同元素可以瞬间拷贝，而实际工程的重复构件由坚韧的劳动制造。

图 09-15

做设计工作模型，有时候很有乐趣，有时候很枯燥，有时是枯燥的手工劳动，要坚持。

做设计，用电脑画一个窗户，一百条线，用一些时间，画一百个相同的窗户，一百条线，复制阵列，很快。用手工画了上万条线，每条线得打点定位，就慢了。而施工，做一百个相同的窗户的劳动时间，就是做一个窗户的一百倍，丝毫不可怠慢。

图 09-16　整齐重复和相似构件（右图）

当工作进行到一定程度的时候，把几十个相似甚至上百个重复的构件放在一起，形成的阵容，就如工地上摆好的材料一样。

一句话，砖要一块一块地砌，窗户要一个一个地做，模型构件也是如此。

图 09-16

图 09-17 板材裁切

除了大量木材以外，还有大量的复合板、密度板，需要裁切。

板材裁边工作的劳动强度比较大，需要更加注意安全和防护，严格按照规范要求来做。

图 09-17

图 09-18 板材修边（右图）

板材裁切后，还需要把各个边的尺寸进一步修正打磨。

板材修边是一项特别艰苦的工作。操作过程中，细微的灰尘与木屑甚至会透过冬季的衣服渗透到内衣中。眼镜与口罩的防护，一定要做好。

一句话，模型操作之辛苦，有助于理解工地劳动之艰辛。

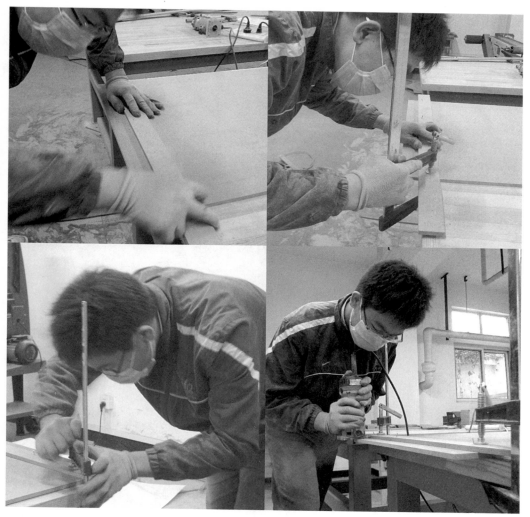

图 09-18

图 09-19　柱子与梁交接

以木结构来指代混凝土结构，需要根据木结构的特点来做出对应的节点，其尺寸、形状和基本的受力关系又要跟混凝土结构有一定相似。

混凝土的施工过程是从下往上施工的，而作为模型，木结构可以先把梁拼接起来，然后把木柱安装上去，再整体反过来，这样就形成一个基本的框架。

图 09-19

图 09-20　柱子与梁的交接方式（右图）

柱子和梁的交接方式、梁和梁的交接方式有很多种。

在此，同学们进一步学习到，比例较大的形体组合的轴线错位的变化，即梁和梁、梁和柱、柱和柱之间的关系不是简单的在一条轴线上的串联，而是在一条轴线本身及其附近的若干形体组合，每一个形体本身的轴线，并非必然在同一条轴线上。

一句话，模型操作之细微，有助于理解建筑设计的诸多细部手法。

图 09-20

9.6 组装与重做

大量重复的构件和相似的构件的制作艰苦而繁琐，其中，通过相似构件的制作，学生可以学到许多东西。

一句话，大量相似的构件，因其位置不同而有细微的变化。

相似的构件往往在设计中或在读图中被认为是相同的构件，但是实际上，许多构件，因其所处的位置不同而有些细微的变化。通过亲手制作比例较大的形体组合，这些细微的变化就都在模型中体现出来了。在大量重复的构件和相似的构件的制作之后，开始组装。

图 09-21 单层的组装

如前，组装成了一层"框架"，之后再把"楼板"放上去。

图 09-21

图 09-22　各层的组装

各层的组装，一层一层摞起来，在过程当中不断调整。

这个设计工作模型，地下是 2 层，地上 7 层。

做出来以后，一个接近一人高的大形体呈现出来。

一句话，大量的繁琐的操作积累，物质之形体与力量渐显。

图 09-22

图 09-23　重做的图书馆报告厅

　　前图报告厅剖切透视轴测体现了读图过程中同学们对图书馆报告厅的三维理解，而在实际的操作中他们发现，当时的理解深度是不够的，因为大量的构件是相似的而不是相同的，实际上报告厅的构件种类要比主体结构多。

　　一开始设想，横跨报告厅大空间的大梁是从中间断开的，这在电脑建模的时候是很容易实现的，但在实际模型制作中发现，这样是不能把房子立起来的。同学们对这一点重新认识，在老师指导下，从主要大梁的受力结构的连续性为出发点，重新下料、重新组装、重新做。这个过程使同学们进一步地理解了力的逻辑关系。大家依旧兴趣盎然，在做的过程当中，有一个同学用边角料做了一个类似小人的模型放在那里，其工作乐趣跃然而现。

　　一句话，提问题是学习的出发点，而重大曲折有时是学习的加油站。

图 09-23

9.7 工程的再构

图书馆设计工作模型实际上是一个同步于实际施工的学习过程的实物再构。

把比例定为 1 ： 30，是因为实际工程中一个踏步一般 30 厘米进深，15 厘米高。这样做模型实际操作比较好做，工作模型中 1 厘米进深，0.5 厘米高。

重复操作，有些枯燥，而理解每一处变化，可逐步形成大尺度的模型形体。

根据钢筋混凝土楼梯浇筑出来的形状，先做成一段一段的楼梯，然后形成的楼梯间。这个楼梯间基本有接近一人高。

图 09-24　一组踏步和一个交通核

图 09-24

图 09-25　复杂的楼梯和窗井 01

在实际的工程中，复杂的楼梯间和窗井又是组合在一起的。这种复杂的窗井，需要同学们进一步地在读图的基础上再结合实例的操作进一步理解，才进入制作。

图 09-25

图 09-26　复杂的楼梯和窗井 02（右图）

复杂的楼梯和窗井组合，包含了地下室、室外疏散口、室外平台，集中分布在主体建筑的四个角，也是南立面和北立面形体的主要部位。在实际工程中，在窗井的设计方面进行了一定的创新。这个 1：30 的局部的制作过程，其复杂与细致程度，相当于一个单体工作模型。

一句话，设计工作模型的学习意义与实践意义，都在于其过程。

图 09-26

9.8　快乐的过程

　　从2009年冬天，到2010年秋天，近一年的时间，整个过程是很艰苦的，但是又是快乐的，核心的几个成员一直在劳作，而其他的同学，有的来的时间长一些，有的短一些，形成一种很有趣的走马灯的景象。几乎每天都有人在模型室里，特别是模型室的鲁卫华师傅付出了艰辛的劳动，他一直都在那里盯着，为同学们的安全负责。

　　一句话，从工地调研到模型"完工"，整个过程充满了专注与乐趣。

　　在工作过程中，有的同学蹲在大的工作台上切割板料，有的不断地向师傅请教，还有的凑在一起为了一个尺寸而辩论和争论。有时候，整个大空间里只剩下一两个同学，依然默默地在进行着自己的操作。而当同学们四五个在一起，围坐在巨大的模型旁边拍一张照片时，心中又感到莫大的兴奋。

　　图 09-27　快乐的团队

图 09-27

　　图 09-28　快乐地工作（右图）

图 09-28

9.9   同步的成果

工地上，当图书馆褪去装在外边的脚手架，露出它真实的设计的面目。

模型室里，1：30 的图书馆模型的再构也基本上完成了。

设计工作模型实际上是没有明确的边界定义的，而是有内涵定义的一种行之有效的学习建筑设计的主要方法和途径。

图 09-29   图书馆的呈现

左，褪去脚手架的工地。右，由地面至多个平台而至敞廊的室外楼梯。

图 09-29

图 09-30   图书馆的再构（右图）

至此，这个有些庞大的实物，进一步诠释了设计工作模型的内涵。其物所在，的确值得我们放下工具，静静地注视一会儿。

一句话，简单地开始，做；停一会，欣赏与恬澈的稍息；继续，我们的过程，做。

图 09-30

后记 手工与思维

手工与思维实际上有三个含义：

其一，手工是手、眼和脑的一个综合运用。

其二，手是我们思维的一个延伸，没有手工的操作，就谈不到思维的外化。手工是我们人心灵和外面物质世界的一个很好的交叉点。

其三，手工过程也有指代的意义，制造模型时需要耗费时间和精力，指代着实际的建筑营造当中耗费的大量物质与能源，这样我们回到了物质的力量和物体意义。

本书素材的积累，大概至少有八九年的时间。

自 2003 年以来，参加兄弟院校及国际院校的教学交流，在公开展示与共同教学中获得了诸多素材，对于设计工作模型的教学很有启发。

在此，向兄弟院校及国际友好学校的老师、同学表示感谢，也对他们的工作及作品表示敬意。

本书素材的主线，是近五六年以来，北方工业大学建筑学类专业的教学实践。特别是 2007 年以来，自二年级开始，逐渐往其他年级，大力推进的基本的模型制作。

本书素材的选用，均来自于北方工业大学建筑学类专业教学实践。分为三个部分：

其一，各年级设计工作模型教学实录。其二，笔者主讲的二年级建筑设计的教学过程，以徒手线条表达和设计工作模型的互动，即二维和三维的互动推进设计。其三，笔者主持的一个大学生科技活动，参加的学生有各个年级同学，我们把实际工程——北方工业大学图书信息楼，做了一个大比例模型，在这个模型里训练了学生很多技能，这也是一个典型的设计工作模型。

在此，对笔者的同事、笔者的学生表示感谢，对他们的辛勤劳动和模型工作的成果表示敬意。

做设计工作模型就是做设计，希望我们形成这个习惯并一直拓展。

贾　东

2011 年（农历辛卯兔年）正月十二于北京